地下水监测取样理论与方法

侯德义 罗 剑等 著

科学出版社

北 京

内 容 简 介

本书全面介绍了地下水取样的基本理论、不同取样方法的操作要点及地下水监测井的建造与封填方法。在取样方法上，本书重点介绍了低流量取样法、三倍体积取样法、被动取样法和贝勒管取样法 4 种方法。同时，本书基于模型模拟分析了三倍体积取样法及低流量取样法在获取代表性水样效率上的差异，并提出了一种取水效率更高的方法——HSLF 取样法。

本书可供环境科学，以及土壤和地下水研究领域的高校教师、研究生、科研工作者和相关从业者参考、使用。

图书在版编目 (CIP) 数据

地下水监测取样理论与方法/侯德义等著. —北京：科学出版社，2022.2
ISBN 978-7-03-070793-2

Ⅰ. ①地… Ⅱ. ①侯… Ⅲ. ①地下水–水质监测 Ⅳ. ①X832

中国版本图书馆 CIP 数据核字(2021)第 249399 号

责任编辑：王海光 郝晨扬 / 责任校对：严 娜
责任印制：吴兆东 / 封面设计：北京图阅盛世文化传媒有限公司

科学出版社 出版
北京东黄城根北街 16 号
邮政编码：100717
http://www.sciencep.com
北京九州迅驰传媒文化有限公司印刷
科学出版社发行 各地新华书店经销
*
2022 年 2 月第 一 版 开本：720×1000 1/16
2022 年 7 月第二次印刷 印张：10
字数：200 000
定价：**138.00 元**
(如有印装质量问题，我社负责调换)

著 者 名 单

侯德义　清华大学

罗　剑　佐治亚理工学院（美国）

王轶冬　清华大学

戚圣琦　浙江工商大学

曹潇元　北京师范大学

前　言

　　我国地下水污染严重，且存在底数不清、污染范围和污染程度不明等问题。地下水取样是调查地下水污染的必要环节。国内从业者在进行地下水取样的过程中，对代表性取样的理论和实践缺乏深入理解，往往导致地下水监测数据，尤其是涉及可挥发有机污染物的监测数据不准确的问题。目前普遍使用的地下水取样方法包括三倍体积取样法、低流量取样法和被动取样法等。针对某块特定的污染场地，究竟最适宜采用哪种取样方法，必须结合代表性取样的理论和现场的水文地质条件进行分析确定。而对于某一种特定的取样方法，也急需解决取样过程不规范、获取水样质量难保障等问题。

　　地下水取样理论的发展在很大程度上源于人们发现监测井中滞留水的水质和含水层地下水水质具有显著差异，抽取滞留水会导致所获水样不具有代表性。此外，地下水取样还存在取样时间长、产生的废水体积大等其他问题。在 20 世纪80 年代后期，有研究者发现，在采样过程中采用较低的流量进行抽水，同时实时监测抽出的地下水中的常规理化指标，待这些指标稳定后再进行取样，能有效减少取样过程中对井内水体的扰动，同时减少抽出废水的体积。此后，越来越多的从业者开始采用低流量取样法进行地下水样品的采集。但是，在不同的水文地质条件下，三倍体积取样法、低流量取样法和被动取样法究竟孰优孰劣，并无定论。因此，需要通过对不同的取样方法在获取具有代表性样品的效率上进行对比，同时对取样过程中的操作参数进行优化设计。

　　在采样操作流程上，国外一些政府组织，如美国国家环境保护局（United States Environmental Protection Agency，USEPA）、加利福尼亚州有毒物质控制局（Department of Toxic Substances Control，DTSC）等已经颁布了非常细致的导则供从业者参考，但目前我国缺乏类似的详细技术指南或指导手册。在近期开展的全国土壤污染状况详查工作中，针对重点行业企业用地的地下水污染状况开展了一定的调查。大量的场地调查从业者进一步熟悉了地下水取样的规范流程，但同时也暴露出从业者相关理论基础和规范操作理解不到位、掌握不足。为了推动我国地下水取样技术的发展，有必要对地下水样品采集及地下水监测井的建造和封填等进行详细阐述。

　　本书包括五章。第一章对地下水取样的基本理论进行概述，包括地下水的基本性质、污染物的类别、地下水取样过程中代表性的含义及影响因素，以及地下水取样理论的发展历史。第二章讨论地下水取样的具体过程，重点介绍了 4 种取样方法，包括低流量取样法、三倍体积取样法、被动取样法和贝勒管取样法，阐述了取样的前期准备、取样过程、样品收集及相关的注意事项。第三章通过数学建模的方式，系统性地比较了三倍体积取样法和低流量取样法在获取代表性水样效率上的差异，并探讨了取样过程中操作参数对获取代表性水样的影响。第四章介绍了一种新的取样方法——HSLF取样法，并将该方法与三倍体积取样法和低流量取样法进行对比，验证了 HSLF 取样法在获取代表性水样上的优势。第五章介绍了地下水监测井建造和封填的相关操作规范，重点介绍了井管的材料选择及施工过程中的一些注意事项。

本书由清华大学环境学院侯德义和美国佐治亚理工学院罗剑等撰写。作者长期从事关于污染土壤、地下水及底泥的场地调查、修复方案设计、修复技术开发、修复工程实施，以及修复效果的长期监测与评估工作，在污染地块地下水样品采集方面进行了大量的科学研究和实际工程应用。本书的主要内容来源于作者的科研报告和发表的论文，其研究内容得到了水体污染控制与治理科技重大专项"京津冀地下水污染防治关键技术研究与工程示范"（2018ZX07109）、国家自然科学基金面上项目（41671316）等的资助，在此表示衷心感谢！

由于作者的学识和水平有限，书中不足之处在所难免，敬请读者批评指正。

侯德义

2021 年 4 月

目　录

第一章　地下水取样基本理论

地下水是维持人类正常生产、生活的一类非常重要的水资源。在全球的淡水资源中，地下水占比达 22.6%，而河流和湖泊等地表水体仅占地球淡水资源总量的 0.6%。因此，合理开采、利用以及保护地下水资源，是维持人类社会正常发展的关键因素。然而，随着经济的发展和环境的破坏，越来越多的地区存在地下水受污染的情况。常见的地下水中的污染物包括重金属、有机物和微生物等。地下水水质调查是地下水修复和水质评估的前提。在进行区域地下水水质调查时，一个非常重要的环节就是地下水的取样。人们通常建立地下水监测井，然后通过不同的取样方式进行地下水样品的采集。采集的样品是否能够代表地下水的真实水质情况，是取样成功与否的关键。本章将重点介绍地下水样品采集的理论和这些理论的发展历史。

第一节　地下水的背景知识

一、地下水的基本概念

地下水（groundwater），广义上是指赋存于地面以下土壤和岩石空隙中的水，狭义上是指地下水面以下饱和含水层中的水。在国家标准《水文地质术语》（GB/T 14157—93）中，地下水是指埋藏在地表以下各种形式的重力水。

根据水利部颁布的 2018 年度《中国水资源公报》，2018 年全国地下水资源量为 8246.5 亿 m^3，人均地下水资源量仅为 589 m^3，水资源十分匮乏[1]。同时，地下水是我国城镇居民生活、工业生产、农业生产的重要水源。据统计，2018 年，我国用水总量为 6015.5 亿 m^3，其中地下水供水量达到 976.4 亿 m^3，占用水总量的 16.2%。因此，保护好地下水水源，对维持居民正常的生产和生活、经济的发展等具有重要的意义。

由于存在的环境不同，地下水的化学组分与地表水有很大的差异。地下水含有不同浓度的多种化学成分，地下水中的大部分可溶性成分来自土壤和沉积岩中的可溶性矿物质[2]，很小一部分来源于大气和地表水体。对于大多数地下水，少数主要离子种类占地下水离子总数的 95%，包括带正电的钠离子（Na^+）、钾离子（K^+）、钙离子（Ca^{2+}）和镁离子（Mg^{2+}），以及带负电的氯离子（Cl^-）、硫酸盐（SO_4^{2-}）、碳酸氢盐（HCO_3^-）和硝酸盐（NO_3^-）。

通过地下水的化学特征可以理解地下水的迁移转化过程。同位素作为水文地质学中的示踪剂已经被广泛使用，但是使用其他化学、水力、地球物理或地质方法进行验证也非常重要。由于大多数水文地质情况很复杂，因此使用多参数进行判断验证通常是有利的。在许多情况下，可以有效地利用水文地球化学知识获得参数信息，如补给量、排出量和混合速率等。例如，地下水的化学变化可用于追踪地下水的运动情况，产生诸如地下水在饱和带中的停留时间之类的信息，确定补给过程和补给水的来源。非饱和带是一种特殊情况，其中主要的离子组成，特别是氯离子浓度在补给研究中起着主要作用，并提供了定量估计，而使用其他方法很难估算或成本很高。[3]

二、评价地下水水质的指标

地下水水质的测量往往是复杂而烦琐的，但是可以通过一些简单的物理特征来判断地下水是否受到污染。表 1-1 中罗列了几种便于观测与测量的物理指标。当这些指标中的一项或几项数据出现异常时，则可以简单判断出该处地下水水质遭受污染。需要注意的是，当发现以下物理指标没有出现异常时，并不代表该处地下水水质合格，还需进行进一步检测。

表 1-1　地下水的物理特征

物理指标	含义及来源	健康危害和其他影响
浊度	由悬浮物质（如黏土、淤泥以及有机和无机物质、浮游生物和其他微观生物的细颗粒）的存在引起的。浊度可以通过比浊法或使用浊度计进行测量	表示水中有黏土或其他惰性悬浮颗粒。可能不会对健康造成不利影响，但需要进一步测试。降雨之后，地下水浊度的变化情况可能是衡量地表污染的指标
颜色	可能是由腐烂的叶子、植物、有机物、铜、铁和锰引起的，可以指示大量有机化学物质，可能会产生过量的消毒副产物	表示可能存在污染物质，需要进一步测试
pH	用数字表示水的酸碱程度。以 0～14 表示，pH 等于 7，表示溶液呈中性；pH 越小，表示溶液酸性越强；pH 越大，表示溶液碱性越强	高 pH 会产生苦味，在供水管和用水器具外侧结成外壳，降低了氯消毒的有效性，从而在 pH 较高时导致需要额外的氯。低 pH 的水会腐蚀或溶解金属和其他物质
气味	某些气味可能源自城市或工业废物排放或者自然来源的有机或无机污染物	
味道	某些物质（如某些有机盐）没有气味，可以通过味觉测试进行评估。一些归因于味觉的感觉实际上是气味，尽管直到物质吸入口中才能注意到这种感觉	

三、地下水污染现状

绝大部分的地下水污染物来自地表排放，包括点源排放和非点源排放。具体到污染地下水的形式，又包括自然排放、废水池的腐败降解、有害物质的不合理处置、堆积的化学物质和石油产品的渗漏、垃圾填埋、地表滞水渗漏、污水管及其他管道的渗漏、农药和化肥的过度使用与渗漏、地下水注入井和地面排水管的污染物排放、不合理的地下水抽提井或监测井及采矿活动等。由于地下水流动相对较为缓慢，因此地下水污染具有局部性、区域性的特点。

我国的地下水污染情况不容乐观。2011 年对我国 69 个大中型城市地下水水质的调查结果显示，在我国 69 个大中型城市中，其中 64 个城市的地下水中至少检出 1 种有机物，比例高达 92.75%，其中检出率较高的挥发性有机物（volatile organic compound，VOC）为氯仿、四氯乙烯、1,2-二氯乙烷、四氯化碳等[4]。该调查结果表明，我国的地下水受到了较为严重的有机污染，尤其是 VOC 的污染。另外，环境保护部（现称生态环境部）颁布的《2018 中国生态环境状况公报》显示，2018 年全国 10 168 个国家级地下水水质监测点中，Ⅳ类水和Ⅴ类水占比分别为 70.7%和 15.5%，这表明地下水水质情况不容乐观[5]。主要超标指标为锰、铁、浊度、总硬度、溶解性总固体、碘化物、氯化物、"三氮"（亚硝酸盐氮、硝酸盐氮和氨氮）和硫酸盐，个别监测点铅、锌、砷*、汞、六价铬等重（类）金属超标。该结果表明，我国的地下水同样也面临着较为严重的重金属污染和无机盐污染。

第二节　地下水的污染物种类

地下水通常看起来很干净，因为地面可以自然过滤颗粒物，防止空气中的颗粒物进入地下水中。然而，地下水中会出现天然和人造化学物质，这是因为当地下水流过地表时，铁和锰等金属会溶于水中，之后可能因在水中浓度较高而被发现。此外，工业生产、城市活动、农业灌溉、地下水抽取和废物处理等人为因素都会影响地下水质量。

地下水中常见的污染物及其来源如下[6]。

一、无机污染物

在我国，无机污染物是一类重要的地下水污染物，其又包括重金属、无机阴离子等。其中，重金属常常存在于钢铁、石化、有色冶炼、能源化工、电子拆解等产业产生的大量废水和废渣中。如果这些废水和废渣没有得到妥善处理，那么就会通过地表进入地下水。重金属对人体的危害是巨大的，表 1-2 显示了部分重金属的来源以及潜在的健康危害和其他影响。

---

* 砷是非金属，因其化合物有金属性质，故将其归为重金属

表 1-2　地下水中的重金属污染物

污染物	来源	潜在的健康危害和其他影响
锑	通过自然风化、工业生产、城市废物处理以及阻燃剂、陶瓷、玻璃、电池、烟火和爆炸物制造进入环境	当实验动物暴露在高浓度下时，会减少寿命，改变其血液中葡萄糖和胆固醇的水平
砷	通过自然过程、工业活动、农药和工业废料，以及铜、铅和锌矿石的冶炼进入环境	引起急性和慢性中毒，肝肾损害；减少血液中的血红蛋白，是一种致癌物
钡	在某些石灰岩、砂岩和土壤中自然发生	可以引起心脏、胃肠道和神经肌肉疾病，与动物的高血压和心脏毒性有关
铍	自然存在于土壤、地下水和地表水中。常用于电气工业、核电和航天工业的设备与组件。通过采矿作业、加工厂和不正确的废物处置过程进入环境	引起急性和慢性中毒；会损坏肺和骨骼，可能是一种致癌物
镉	存在于岩石、煤炭和石油中，浓度较低；在被酸性水溶解后进入地下水和地表水。可能通过工业废水、采矿废料、金属电镀、水管、电池、油漆和颜料、塑料稳定剂和垃圾渗滤液进入环境	通过生物化学方法替代体内的锌，导致高血压、肝肾损害和贫血，破坏睾丸组织和红细胞，对水生生物有毒
铬	通过化石燃料燃烧、水泥厂排放、矿物浸出和废物焚烧进入环境。用于金属电镀和作为冷却水的添加剂	三价铬是必不可少的营养元素。六价铬的毒性比三价铬高得多，并且高浓度时会引起肝肾损害、内部出血、呼吸道损害、皮炎和皮肤溃疡
铜	通过金属电镀、工业和生活垃圾、采矿和矿物浸出进入环境	是一种必需的微量元素，但大剂量时可引起肠胃不适、肝肾损害、贫血；在中等浓度时对植物和藻类有害
铁	在沉积物和岩石中作为矿物质天然存在或来自采矿、工业废料和腐蚀金属	污染水体具有苦涩味，使经过洗涤后的衣服和卫生设备呈棕褐色
铅	通过工业生产、采矿、管道、汽油、煤炭进入环境，是一种添加剂	影响红细胞生化反应；影响婴幼儿的正常身心发展；导致儿童注意力、听觉和学习方面的轻微缺陷；可能导致某些成年人的血压轻微升高，是一种潜在致癌物
锰	在沉积物和岩石或采矿及工业废料中以矿物形式天然存在	影响美观，造成经济损失，给衣物造成褐色污渍；影响水的味道，并在卫生洁具上造成深褐色或黑色污渍。相对来说，对动物无毒，高浓度时对植物有害
汞	以无机盐和有机汞化合物形式出现。通过工业废料、采矿、农药、煤炭、电气设备（电池、灯、开关）、冶炼和化石燃料燃烧进入环境	引起急性和慢性毒性；主要针对肾，可能导致神经系统疾病
镍	自然存在于土壤、地下水和地表水中。常用于电镀、制造不锈钢和合金产品、采矿和精炼工业	长期高浓度暴露会对实验动物的心脏和肝产生影响
银	通过矿石开采、加工、产品制造和处置过程进入环境。常用于摄影、电气和电子设备、电镀、制造合金和焊料行业	慢性接触可导致人和动物的皮肤、黏膜、眼睛和其他器官变成银灰色、蓝灰色
锌	天然存在于水中，最常见于开采区域；从工业废料、金属电镀和管道进入环境，是污泥的主要成分	超高剂量会对健康有害；使饮用水味道不佳

　　地下水中的无机阴离子也会对地下水的水质产生影响。高浓度的无机离子会使地下水的盐度过高，对土壤产生腐蚀作用的同时不利于土壤微生物的正常生长。

部分阴离子甚至具有较强的毒性，从而导致土壤中的微生物死亡。常见的地下水中的无机阴离子的来源以及潜在的健康危害和其他影响如表 1-3 所示。

表 1-3　地下水中的无机阴离子污染物

污染物	来源	潜在的健康危害和其他影响
氯化物	通常来自海水入侵、矿物溶解、工业和生活垃圾	高浓度会破坏管道系统、加热系统和市政自来水厂设备。高于次级最大污染物水平*时，味道变得明显
氰化物	常用于电镀、钢铁加工、塑料、合成纤维和化肥生产；也源于废物处理不当	具有毒性，导致脾、大脑和肝受损
氟化物	天然存在或作为市政供水的添加剂；广泛用于工业	减少蛀牙的发生率，但高浓度会使牙齿变黄；导致严重的骨骼疾病（骨骼和关节钙化）
硝酸盐（以氮计）	天然存在于矿物沉积、土壤、海水、淡水系统、大气和生物区系中；在含氧的水中更稳定；在发达地区的地下水中硝酸盐含量最高；通过肥料、饲养场和污水进入环境	毒性来源于人体将硝酸盐分解至亚硝酸盐，引起"蓝婴症"或高铁血红蛋白血症，对血液的携氧能力造成危害
亚硝酸盐（硝酸盐/亚硝酸盐组合）	通过肥料、污水、人类或农场动物的废物进入环境	毒性来源于人体自然分解硝酸盐至亚硝酸盐，引起"蓝婴症"或高铁血红蛋白血症，对血液的携氧能力造成危害
硫酸盐	盐水入侵、矿物溶解以及家庭或工业废物可能导致硫酸盐浓度升高	在锅炉和热交换器上形成硬垢；可以改变水的味道，并在高剂量时具有通便作用

*指污染物超过该水平会使水质混浊或变色，或者味道不佳，尽管这些水实际上可能可以安全饮用

二、有机污染物

有机污染物也是一类重要的地下水污染物。在我国曾发生过多起由事故导致有机污染物超标的事件，如吉化爆炸事件、兰州石化地下水污染事件等。这些事件给当地居民生活造成了巨大的影响。此外，化工厂废物处理不当、储油罐泄漏等因素也可能造成严重的地下水污染，这些有机污染物部分具有挥发性，能够通过土壤危害人们的健康，其他的有机污染物也可能通过水井、被植物吸收等方式危害人们的健康。表 1-4 显示了部分有机污染物来源以及潜在的健康危害和其他影响，这对于判断地下水污染的危害具有重要意义。

三、微生物污染物

地下水还包含多种微生物，类似于表层土壤和水体中发现的微生物。这些微生物包括细菌、真菌和原生动物。有时，来自家庭、农业和其他人为活动的病原性病毒、细菌和胃肠道原生动物可通过土壤、沉积物和岩石渗透到地下水中[7]。地下水微生物的测量是困难且昂贵的，但是为了能够快速、相对便宜地检测饮用水

表1-4　地下水中的有机污染物

污染物	来源	潜在的健康危害和其他影响
挥发性有机化合物	当制造塑料、染料、橡胶、抛光剂、溶剂、原油、杀虫剂、油墨、清漆、油漆、消毒剂、汽油产品、药品、防腐剂、去污剂、除漆剂、脱脂剂等时进入环境	可能引起癌症和肝损害、贫血、胃肠道疾病、皮肤刺激症状、视力模糊、疲惫、体重减轻、神经系统损害和呼吸道刺激症状
农药类	作为除草剂、杀虫剂、杀真菌剂、灭鼠剂和杀藻剂进入环境	引起中毒、头痛、头晕、胃肠道不适、麻木、虚弱和癌症。损害神经系统、甲状腺、生殖系统、肝和肾
增塑剂、氯化溶剂、苯并[a]芘和二噁英	用作密封剂、溶剂、农药、增塑剂、汽油成分、消毒剂和木材防腐剂。通过不当的废物处理、淋滤径流、储罐泄漏和工业废水径流进入环境	引起癌症,损害神经和生殖系统、肾、胃和肝

中的粪便污染,在许多研究中都使用粪便污染指示菌(FIB)作为替代物[7]。表1-5中展示了常见的地下水中的微生物污染物来源以及潜在的健康危害和其他影响。

表1-5　地下水中的微生物污染物

污染物	来源	潜在的健康危害和其他影响
大肠杆菌	在自然环境中从土壤、植物以及人类和其他温血动物的肠道中产生。用作指示生活污水、动物粪便、植物或土壤物质中存在病原细菌、病毒、寄生虫的指标	在大肠杆菌较高的地下水中,细菌、病毒和寄生虫可引起脊髓灰质炎、霍乱、伤寒、痢疾和传染性肝炎等疾病
病毒	在自然环境中存在或者来自动物或人类的粪便	可能引起脊髓灰质炎、传染性肝炎等
寄生虫	主要来自动物或人类的粪便	可能引起疟疾、丝虫病等

第三节　地下水取样目的及监测井结构

一、地下水取样的目的

地下水取样出于多种原因[3]。从地下水取样中获得的信息,以及随后对水化学和同位素测试结果的分析与解释,可应用于以下几方面:①评估地下水的流动方式和特点;②确定重金属、有机物、微生物等污染物的浓度、来源和传输特点;③评估地下水水质、依赖地下水的生态系统及其相关的地下水资源用途;④评估土地利用变化、灌溉、地下水开采、附近工厂工作等人为因素对区域地下水数量和质量的影响。

二、地下水监测井的结构

图1-1为监测井的基本结构,监测井主要包括套管部分、筛管部分、井盖和底盖等,地下水通过筛管中的筛孔进入井中。

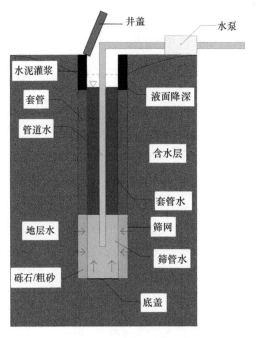

图 1-1 监测井基本结构图

筛网的目的是将砾石填充物（如沙子和砾石）排除在井外，同时提供充足的水流进入套管。筛管可以连续安装或以特定的深度间隔连续设置，当监测井所在位置存在多个含水层时，按照特定深度设置筛管的位置是十分必要的，以确保筛管位置与所需要监测含水层的位置相匹配。在含水层中，通常包含交替排列的粗粒物料（砂和砾石）和细粒物料，与连续筛网的安装相比，以特定的深度间隔连续设置更有可能提供无沉淀的水，便于后期进行取样。

筛管、套管外侧的环形空间充满了砾石或粗砂（称为砾石填充物或过滤填充物）。砾石填充可防止沙子和细小的沙子颗粒从含水层地层移入井中。砾石填充并不排除细小的淤泥和黏土颗粒，因此在监测井构建结束或者在取样前，需要洗井，排出细小颗粒。套管部分不透水，其目的是便于通过筛管获得目标位置的地下水样品，防止混合，同时也避免污染物通过监测井流到不同含水层。

监测井的上部外侧通常使用膨润土和水泥浆密封，以确保没有水或污染物能够从外壁进入井内部或者大气中。

在监测井表面，需要安装密封井盖或表面套管，可以防止外部颗粒进入监测井。此外，可以防止可挥发的污染物逸出，对环境造成污染[8]。

目前，常见的地下水取样法有三倍体积取样法、低流量取样法、被动取样法等，这些方法的详细步骤介绍见第二章。

第四节　地下水取样的代表性及影响因素

一般来说,对一个监测井进行地下水取样是为了测量该处地下水的水质指标,了解该处地下水的真实情况。如图 1-1 所示,由于监测井内套管部分的地下水与空气接触会导致物质交换,套管内停滞的地下水往往不能代表该处地下水的真实情况,需要抽取筛管内的水进行取样。然而,如果直接将取样器(水泵/取样管/贝勒管)放入筛管内,则会使套管内的水进入筛管中,同时在抽水过程中会导致监测井内液面下降,同样会使套管内的水进入筛管中,因此直接进行取样可能会造成取样结果不准确。

下面对以上所述的不准确情况进行具体分析,假设使用常见的低流量取样法,将取样管放置在筛管内部,在放入取样管的过程中,会有一部分位于套管中的水(简称"套管水")进入筛管部分,所以假设抽水口上部的水是不具有代表性的。使用第四章第三节的数值解模型进行模拟,对于一个井深 20 m、内径为 5 cm、筛管长度为 3 m 的监测井,使用流速为 0.3 L/min 的流量进行抽提,抽提 5 min 后进行取样,如果周围含水层的渗透系数为 5 m/d,则 5 min 后抽取的具有代表性的水的比例为 55%;如果渗透系数为 0.5 m/d,则 5 min 后抽取的具有代表性的水的比例为 17%。如果让具有代表性的水所占比例达到 90%,对于渗透系数为 5 m/d 的含水层,需要 45 min,而对于渗透系数为 0.5 m/d 的含水层,则需要 63 min。

通过模型模拟可以看到,如果直接进行取样,抽提出的水可能部分来自套管,导致取样结果出现误差。这种情况尤其是对于一些在井内具有浓度分布的物质更为明显,如 VOC、溶解氧等。以溶解氧为例,在水面,溶解氧的浓度能够达到 10 mg/L,而在含水层中小于 1 mg/L,通过模型模拟可以得出在 5 min 时,抽出的水的溶解氧含量为 1.9 mg/L,接近实际溶解氧浓度的两倍。此外,在野外实地的取样结果也支持这一结论。在北京某污染场地进行取样,结果发现,直接进行取样,溶解氧的浓度为 1 mg/L 左右,而继续抽水,溶解氧浓度稳定之后为 0.1 mg/L,水中温度与氧化还原电位也有一定的差异。

以上事实说明直接进行取样容易获得不具有代表性的地下水,从而导致最后的数据产生误差,因此,需要对采集的地下水样品的代表性进行评估,并采用合适的取样法,尽量提高获得的地下水样品的代表性。

一、地下水样品"代表性"的含义

当采集地下水样品时,一个很重要的目的就是获得真正能够代表地下水性质的样品。"代表性"这个名词可以应用在水质的化学指标和水文地质特征上。它包括了对单一含水层的物理特性统计波动的认同以及对主要离子浓度的认同，同时也可以对极端的数值进行合理的解释。事实上，地下的各项指标均处在时间和空间的波动状态下。一个专业的地质工作者需要通过准确的、可重复的技术来确定在某个场地测定的各项指标的分布范围。当测定的指标在这个范围内波动时，就可以认为测定的这些指标是合理的。

从广义上来说，代表性主要包括两个方面。一是"充足"，由于在地下水取样过程中只能对某个时间、某个地点的监测井进行取样，因此需要考虑场地条件随空间和时间变化的情况，特别是两个监测井之间的距离以及两次取样的时间间隔。如果距离过小或者时间间隔过短，会造成浪费；如果距离过大或者时间间隔过长，可能会导致数据不够全面，不能代表整个场地在一段时间内的全部情况，造成没有"代表性"。

二是"准确"，即在对单个井进行取样的过程中不能准确得到该位置地下水的真实情况。造成地下水取样不准确的因素主要有两个：①地下水水质会受到钻井过程中引入的土壤基质等因素的影响，因此在钻井过程中需要进行严格的水质控制，在安装监测井之后需要进行良好的洗井工作；②监测井套管中滞留的地下水可能无法代表当地含水层的水质情况，因为这一部分水与大气相接触，可能会发生物理化学以及生物变化。例如，挥发性有机物（VOC）可能会从井上部的空间扩散出去，导致水中 VOC 浓度降低；环境中的氧气会扩散到水中，导致硫化物和二价铁等物质的氧化；可能会从外部引入一些微生物，从而降解套管地下水中的待测物质[9]。

实际上，代表性的定义是动态的，它会受到场地特性以及待监测目标的影响。一个进化的场地评估模型如图 1-2 所示，其提供了一个获取一致数据的系统性方法。

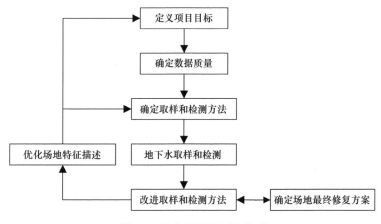

图 1-2　进化的场地评估模型

该模型强调了对数据波动性的认同,可以较好地防止出现不准确的数据,如采用不合理的地下水取样法、由操作人员导致的数据不精确等。同时,该模型也强调了控制误差的必要性。但在该模型中,有如下两个问题需要引起人们的关注。

（一）尺度

一个用来获得具有代表性水样的取样计划必须考虑到场地中可能存在的尺度变化问题。这些尺度可以是时间尺度,也可以是空间尺度,同时也需要包含调查目标污染物的化学成分和行为变化。在地下环境中的物理和化学特性随着时间和空间的变化往往在统计学上是独立的。实际上,在一个相近的时间或者空间尺度上,采集的样品具有高度的相关性。这表明采用高频率的取样方式,如每个月采集一次,或者采用空间上非常密集的监测井布设方式,都存在过度采集数据的风险,这会导致出现一个在统计学上并不正确的趋势。在实际操作中,对污染物的测定和评估的项目很少出现过度采集数据的问题,但会出现在空间尺度或时间尺度上采集的样品数据过少的问题。在这些情况下,可能在空间上会出现污染物浓度插值结果错误,而在时间上则会低估污染物浓度随时间的波动性。

（二）目标参数指标

在监测的项目场地,目标参数的选择通常是由场地的管理部门决定的。然而,地下水水质的背景指标、在取样前抽提过程中的水质监测指标,以及污染物浓度指标均代表了数据采集的目标。这些指标的采集方法和步骤均应该采用相同的标准,同时需要采用适当的采集方式,因为不同精度的数据采用的方法不同,这些均是场地管理部门选择目标参数时需要考虑的。

二、代表性水样的组成要素

地下水取样程序和方法的建立,其最终目的就是获得具有代表性的水样。具有代表性的水样必须要反映特定取样时间和取样地点地下水的化学与生物特性[10]。然而,取样的目的在很大程度上决定了具有代表性的水样所需要的要素,取样的目标在地下水取样的程序中被定义,该目标也需要与项目的最终目标结合。因此,在进行地下水样品采集方案设计的同时,也需要对地下水样品的代表性进行定义,这也是项目数据质量目标的一部分。数据质量目标定义了想要的目标数据质量,同时也定义了允许数据出现偏差的范围,或者可以接受的数据范围。

对于地下水污染评估和质量评估这两种情景,AIRE[10]均提供了不同的地下水样品代表性的评估方法。表 1-6 给出了这两种情景下定义一个地下水样品的代表性需要考虑的因素,从而进行地下水污染评估和质量评估。

表 1-6　定义一个地下水样品的代表性时需要考虑的基本方面

地下水污染评估	地下水质量评估
• 地下水流动的目标地层深度	• 地下水化学性质
• 精确的离散地下水流动区域	• 地下水监测井具有较长的筛管，从而可以获得混合的其至是被稀释的样品
• 较短的筛管长度	
• 精确的污染物位置的地下水取样	
• 精确的定位及对污染物浓度的峰值取样	

　　地下水样品的代表性在很大程度上由地下水样品的采集方式确定。在地下水样品的采集过程中，很多因素都会影响样品的代表性，同时导致样品的偏差。

三、水样偏离代表性的误差及来源

　　水样的代表性偏差指的是在相同的时间和地点，采集的水样化学和生物组成与实际含水层中的成分之间的偏差。这个偏差可正可负，一般称为取样误差。在取样时总是希望减少取样误差，但事实是真实的地下水中成分组成并不为人所知。因此，操作的原则是通过科学证明的方法和程序进行规范化取样，从而减少获得样品的误差。取样误差包括系统误差和随机误差两个方面。系统误差指的是在系统中固有的观测存在的不准确性，这在所有的样品数据中是一致的且可重复。随机误差指的是一些随机的和不能预见的因素所带来的误差，这些因素会导致样品数据出现不一致且不可重复的偏差，但可通过增加平行测定次数取平均值的方法减小随机误差[11]。表 1-7 展示了在地下水取样过程中产生系统误差和随机误差的主要原因。

表 1-7　系统误差和随机误差的主要原因[11, 12]

系统误差	随机误差
不合理的监测井设计（包括建造和洗井）	样品中存在土壤颗粒或者残渣，导致原位地下水样品中污染物的测定存在误差
不合理的取样设备	由取样设备带来的交叉污染（取决于设备的操作、清洗和净化）
不合理的取样法、前期准备、操作和样品贮存方法	由于采用之前用过的容器来贮存新的样品，从而带来交叉污染

　　在取样过程中，需要确认、理解并且描述所有可能存在的样品偏差。这些可能的偏差来源都需要记录，并且在取样前所有用来纠正偏差的措施也需要记录。

　　地下水样品通常是通过监测井进行取样的，因此采集的样品受到监测井钻探、建造和洗井过程的重要影响。如果在监测井的钻探、建造和洗井过程中没有很好地进行操作，会导致很严重的取样偏差，也会使地下水样品的代表性受到很大的影响。关于监测井的钻探、建造和洗井在很多资料中都有详细的阐释[13, 14]。为了加深对这些过程的理解，应及时参考这些资料。表 1-8 中罗列了在监测井钻探、建造和洗井过程中可能影响样品代表性的潜在因素。

表 1-8 样品受到的监测井钻探、建造和洗井的潜在影响[15]

影响阶段或物质	主要的潜在影响
钻探	①转钻带来的污染物或者钢绳冲击钻影响了土壤颗粒组成，从而扰动了含水层的组成；②在钻探过程中，可能造成地质组成成分和钻井液在不同地层中发生迁移；③可能堵塞地下水的流动线路，从而将污染物限制在监测井内部
钻井液（包括气体、水和一些特殊的钻探泥浆或者天然黏土）	①空气的引入可能会导致物质发生氧化和沉淀现象；②在高渗透的地层中，空气的引入可能会导致水文化学剖面发生扰动；③在钻探过程中引入水可能会稀释或者冲淡监测井附近的地下水，从而改变化学特性；④钻井过程中加入的水可能会导致矿物的沉淀，从而阻塞污染物和地下水的流动轨迹；⑤泥浆会阻塞聚优先流通道，黏土颗粒会吸附污染物；⑥在钻井液中加入的化学添加剂会导致地下水物理和化学特性的改变，它们的降解也会影响地下水中微生物的活动状态
监测井建造（包括筛管材质、设计和筛管的放置位置）	①不兼容的套管和筛管材料会导致目标污染物在筛管上的吸附或者溶出；②管壁中污染物的解吸会改变地下水的化学性质；③通过聚合的套管材质，有机物会发生弥散；④最好将筛管放在地下水流场中待研究的深度位置，过长的筛管会导致污染物发生较为严重的垂向混合；⑤筛管的位置不当导致无法拦截非目标区的地下水流入
填充的石英砂滤料和环形填充物	填充的级配滤料需要具有化学惰性，否则会改变抽提的地下水的化学性质
洗井	①不恰当的洗井会限制监测井和含水层中的水力流动，从而影响抽提过程中地下水的补充；②不恰当的洗井会增加抽提过程中出水的浊度，可能会引入更多的悬浮物，从而需要对采集的样品进行额外的过滤处理

在样品采集和分析过程中，许多因素都会导致样品的化学指标出现偏差。然而，关于它们所带来的影响需要对取样过程和分析方法进行不确定性分析以后才能进行评估。

四、地下水流动对取样的影响

在进行地下水取样之前，需要对场地地下水流动的方向和流速进行评估，这可以作为场地调查的一部分。在进行初步调查后，需要在地下水中有较高浓度污染物的地方进行取点和进一步评估。通过在同样的水文地质单元（如同样的含水层）中能够组成三角形的 3 个位点进行地下水水位高度的测定，从而对地下水的流动方向进行最终的确定。当地下水的流动形态特别复杂，如地下水可能会发生辐射状流动，或者在基岩裂隙水中流动时，应在确定地下水流场时特别小心。在这些情况下，确定地下水流场需要 3 个以上地下水水位监测点。

在进行地下水取样的过程中，从监测井中取出的地下水水质主要是由其来源决定的。地下水样品的来源是由一系列因素决定的，如监测井中筛管的位置、取样的方式和地层的水文地质条件等。其中，地层的水文地质条件是一个很重要的因素。对不同地质条件的两口地下水监测井进行地下水样品的采集，即使采用相同的取样方法，可能也会得到不一致的结果。土壤渗透性的波动及自然条件下地下水流场都会导致地下水样品性质的变化，因此传统的地下水取样法建议对所有的地层均在取样前移除 3～5 倍井管体积的地下水，使其在不同的地层条件中均能适用。然而，采用被动取样法或低流量取样法（抽提流量 0.1～0.5 L/min）获得的样品会受到地下水流动的影响，而地下水流动的状态又在很大程度上受到当地水文地质条件的控制，同时，监测井也会给地下水流动带来影响。因此，评估水文地质条件对地下水流动的影响，以及地下水流动对获取的地下水样品的影响是很重要的，这可以帮助我们获得更具有代表性的地下水样品，以及对地下水样品的指标进行合理的解释。

目前，人们已经认识到在地下水取样时，地下水更易从渗透性高的含水层流入监测井。然而，大家往往忽视了天然的地下水流动对于从监测井中获得的样品性质的影响。严格意义上来说，地下水监测井自身就相当于一根垂向的导管，其可以连通之前没有连通的垂向地层，使不同地层的地下水混合。如果缺乏关于描述水力梯度的资料，可能会导致从监测井中抽取的地下水来自之前没有被预见到的含水层。实际上，地下水的水流对获得的地下水样品具有很大的影响。

通过数值建模，可以评估地下水流动对于采用泵抽提方式获得的地下水样品的影响。结果表明，自然状态下地下水的垂向流动可能对样品造成很大的影响，即使监测井的筛管高度小于 10 m，该影响仍然不能忽略。如果需要获得实际的具有"代表性"的地下水样品，那么需要采用比天然地下水流速大很多倍的抽提流量对地下水进行抽提。如果采用低流量取样法，那么在取样之前将筛管内的废水抽出是不够的。在如下几种情况下，在井管内的静止状态下可能发生更为强烈的垂向流动：①含水层的渗透系数较大，含水层较厚；②监测井离抽出或者注入源的直线距离很近；③监测井的体积很大（井的直径和长度很大），筛管的渗透系数较大；④较大的垂向渗透系数和横向渗透系数的比值。

当自然情况下井管内的垂向流量小于抽提流量的 5% 时，可以获得如下结论：①即使采用低流量抽水的方法，也可以克服天然情况下地下水的垂向梯度所带来的影响，同时获得的地下水样品来自整个筛管高度上的地层水；②抽提流量和抽提时间是获得地下水样品的关键因素，这一点在没有地下水流动时仍然成立；③在抽提早期，获得的地下水样品与抽提泵放置的位置有关，但在抽提后期则与抽提泵的位置基本无关。

在井管内，当在自然条件下井管内的垂向流量的流量达到抽提流量的 50% 时，会导致获得的地下水样品倾向于来自筛管中水头最大的位置，此时会出现如下现象：①即使用更长的抽提时间来抽取地下水，获得的地下水样品仍然可能不是来自整个含水层；②即使抽提泵的放置位置、抽提流量和抽提时间都没有变，当地下水的流动速率发生改变时，仍然会导致抽取的地下水样品的来源发生改变；③抽提泵放置的位置对抽取的地下水样品的来源具有很大的影响，当抽取了一段时间后，该影响可能仍然存在；④当在地下水垂向流动较为剧烈的地方进行样品采集时，获得的地下水样品可能来自垂向跨度很大的含水层。

当地下水天然的垂向流量比抽提流量大很多时，获得的地下水样品几乎均来自筛管中水头最大的位置。此时，采用低流量抽提和被动抽提获得的地下水样品几乎是一样的。在这种情况下有如下几点需要注意：①抽提流量和抽提时间变得不再重要；②抽提泵的放置位置对获得的地下水样品的来源具有很大的影响；③从监测井中获得的地下水样品变得更加分散，此时，从含水层流入筛管的位置和地下水取样位置决定了获得样品的性质；④当不同来源的地下水进入和流出含水层后，会发生扩散和混合，需要对水质进行定量分析，才能知道采集的地下水样品的来源。

在把获得的地下水样品中污染物的浓度与含水层的污染物浓度进行比较时，即使筛管的长度小于 10 m，也仍然会由于在井管内地下水的垂向混合而造成较大的不确定性。可以用地下水流动的相关知识，结合取样的目的，决定地下水取样的流量、取样时间和抽提泵放置的位置。从一个地下水取样工作者的角度来说，取样的目的决定了是否需要知道详细的样品来源。如果需要知道详细的地下水样品来源，那么就需要对地下水流动的情况进行仔细调查。

在稳态下，为了更好地研究地下水取样时通过筛管的水流在不同高度流入监测井的流量分布情况，Varljen 等[16]构建了一个三维的地下水抽提模型。在该模型中，抽提泵放置在筛管中部，并采用低流量抽水的方法在地下水抽提达到稳定状态后进行取样，抽提的地下水流量为 250 mL/min 或者 500 mL/min。地下水抽提达到稳定的标志是监测井内水头达到稳定，同时抽提出来的各项水质指标也达到稳定。在抽提过程中，有如下几点需要注意：①尽管在某些筛管的位置，可能由于有高渗透性地层的存在，进入筛管中的水分布不均匀，但也需要保证整个筛管中的水都被取样。这个条件在筛管长度为 1.5 m、3.0 m 或者 6.0 m 时均适用；②抽提泵在筛管中放置的位置对抽提得到地下水的来源位置没有影响；③如果地下水监测井部分穿过了含水层，则流入筛管中的地下水有部分来自筛管上层或者筛管下层。因此，可能导致获得地下水样品的含水层厚度大于筛管的长度。

结果表明，在井管内很小的水头差异都会导致很明显的地下水垂向流动。同时表明，采用低流量抽水的方式可以获得具有代表性的水样，这个水样可以代表直接从筛管附近获得的地下水样品。离散的取样结果表明了显著的垂向水质变化，研究表明由于在取样的过程中发生了显著的井内混合，采用低流量抽水可以获取整个筛管中的平均水质。

若筛管穿过了高渗透地层，则会在地下水取样过程中发生显著的优先流现象，这个优先流现象无论采用哪种抽提流量都无法避免。因此，需要事先根据地质条件选择合适的筛管位置和长度，从而尽量避免优先流的产生。

在采用低流量抽水获取地下水样品时，改变抽提泵在筛管内放置的位置不会对获得的地下水样品产生影响。为了减少对套管中静态水的扰动，同时减小抽提之前舍弃的地下水体积，只需要将抽提泵放置在筛管中，同时使得抽提泵与筛管底部保持一段距离，防止抽提泵在抽提的过程中吸入井底的泥土。通过模型计算发现，没有必要为了获取来自整个筛管的水样而将抽提泵放置在套管中。如果将抽提泵放置在套管中，意味着筛管上部的静态水必然会被抽提，会降低取样效率，由于在井管内的混合过程不确定性较大，因此更难保证获得具有代表性的水样。将抽提泵放置在筛管中能更好地抽取筛管附近含水层的地下水，从而使获得的地下水样品更有代表性。由于整个筛管中的水都被抽提了，因此筛管的长度越短，则抽提的地下水越能代表该段地下水的性质。

五、地下水取样的其他影响因素

除了地下水的流动会对获取的地下水样品造成影响外，还有一些其他因素也会对地下水取样结果造成影响，这里简单罗列如下。

（1）在取样过程中，化学物质在管壁上的吸附。一般而言，进行地下水样品采集的取样管是内壁为聚四氟乙烯的硅胶管，但这种管子往往弹性较差，在某些连接点可能需要较短的硅胶管进行过渡连接，而硅胶管对化学物质具有较强的吸附性能，可能因此降低地下水中目标物质的浓度。另外，当该连接管被再次使用后，可能会导致管壁吸附的物质再次释放，从而对后续的样品浓度造成影响。因此，当先前的样品中具有高浓度的污染物时，取样管不建议再次利用。

（2）在将井管或者抽提泵放入抽提井内的过程中，容易导致在抽提前，套管水和位于筛管中的水（简称"筛管水"）发生混合。在自然情况下，一些深井中通常存在水质的垂向分层[17]，导致在放入取样管或者抽提泵的过程中井管内污染物浓度发生变化。在冬季，由于浅层的水温度较低，而深层的水温度相对较高，因此深层水会上升，而浅层水会下沉，从而造成较为明显的井内水体混合，使井内污染物浓度趋于一致；在夏季，由于浅层的水温度相对较高，井管内的水体保持稳定状态，从而造成了更为明显的污染物浓度的垂向分层[18]。因此，在夏季，井管或抽提泵的置入会造成更为明显的筛管位置的污染物浓度变化，这需要引起格外重视。

（3）当分析的目标污染物为 VOC 时，在抽提过程中，取样管内制造的负压可能导致 VOC 在地下水中加速挥发，同时会导致地下水样品中的 pH、氧化还原电位和其他与溶解性气体相关的指标发生改变。若采用较大抽提流量对地下水进行抽提取样（三倍体积取样法），则可能会发生较为严重的 VOC 挥发和损失。

第五节 地下水取样理论发展历史

一、早期的地下水取样理论

最早的地下水取样指导守则出现在饮用水供水项目中，该守则强调了生产水井的应用[19]。在《资源保护和回收法》（Resource Conservation and Recovery Act，RCRA）与《综合环境响应、赔偿和责任法》（Comprehensive Environmental Response，Compensation and Liability Act，CERCLA）的推动下，人们开始聚焦地下水中污染物的检测和评估以及地下水监测井的设计和建造，以便满足地下水取样程序的发展。在地下水取样的过程中可能会发生污染物在不同水文地质单元中的释放和迁移，采样需要被应用到直径更小的抽水井中以及不同的水文地质条件中。同时，在抽水过程中，获得能够代表含水层水质情况的水样也同样重要。分析的水质指标包括常规水质指标（pH、电导率、溶解氧）、金属元素的浓度、微量有机污染物的浓度（包括挥发性有机溶剂和燃料等），其中微量有机污染物的浓度常常在检测限附近。

从 20 世纪 80 年代开始，人们就开始研究获取具有代表性水样的取样法。Gibb等[20]进行了一些初步的研究，提出了一些操作参数，如抽水流量、抽水体积、井内地下水的混合情况等对取样结果的影响。在他们的研究中，一个较为一致的结论就是当抽出的地下水的体积达到井管体积的 6 倍时，取出的地下水水质指标基本达到稳定状态。这样的研究结果被美国联邦监管项目推荐作为采集地下水样品的方法[21, 22]。在此期间产生的标准均规定在采集地下水样品前需要移除 3～5 倍井管体积的废水，并且需要对地下水监测井的结构进行特殊设计。其中提到监测井中的筛管位置是最重要的参数，其需要放置在最容易受到影响或最需要保护的含水层。在 20 世纪 80 年代早期，地下水监测井的位置和结构，以及保证地下水样品质量的取样法已经被较好地记录在了各种标准和指南中[23-26]。然而，不同的标准规定的地下水取样的方法差异很大，目前很多人采用贝勒管进行地下水样品的采集，同时还有一部分人采用 3～5 倍井管体积移除法进行取样，而较少有人采用水质指标的稳定作为洗井达到终点的依据。

随着时间的推进，虽然有标准明确说明用贝勒管无法在采样前移除井管内不具有代表性的水，但各种标准之间仍然存在不一致的情况[27, 28]。与此同时，在抽水过程中，由于对监测井水力特征认知的缺乏，高流速取样设备应运而生。然而，快速的抽水会对井内水体产生潜在的扰动（如产生气泡），筛管位置出现脱水现象，同时产生人为的浊度，或者将筛管上、下端的水带入筛管中。除此之外，高流量抽取井内的废水产生了较大容积的潜在污染废水，而这些废水需要进行妥善的处置。随后，有研究者发现在抽水的过程中，井管内的水质指标在不断发生变化，因此更加强调了取样前抽出井管废水的必要性[29]。在随后出现的检测微量污染物的项目中，人们提出了需要开发更加有效的地下水取样法，并将这些取样法更新到标准中，这是更加严格的取样和分析数据质量所驱动的结果[30-32]。

二、被动取样法的发展史

在 20 世纪 70 年代，Tate[33]和 Frost 等[34]报道了一些早期的井下地下水取样器，这些取样器是为研究地下水无机化学成分而开发的，原理在于取样器两端开口，在深入监测井的过程中允许地下水流通，当取样器到达合适的深度时，取样器的两端可以通过遥控器封闭。在 80 年代，出现了检测挥发性有机物（VOC）和其他含量非常低的污染物（含量在 μg/L 级别）的需求，同时人们开始认识到井上取样可能会导致样品浓度与真实浓度有差异[35, 36]。因此，井下取样器被进一步开发，以最大程度地减少 VOC 和溶解气体（如 CH_4、CO_2）的逸出。Gillham[37]开发了一种使用改良的低成本聚乙烯注射器进行井下取样的技术，首先将注射器放置在取样的高度，然后通过在地表的手动泵施加真空，抽出活塞，从而吸入样品，之后从井中取出注射器，立即加盖。对于每一个样品都需要使用一个新的注射器，因此不需要对取样器进行清洁消毒。其他的井下取样装置还包括装满吸附剂材料的小型圆柱形容器[38, 39]，当到达取样深度之后，水流过容器，在这个过程中吸附剂获取污染物，随后将容器取出并送到实验室进行分析。与注射器类似，该容器避免了样品在取样和分析之间暴露在空气中，但是在分析时需要一个热脱附的过程，这会增加取样的不确定性。

20 世纪 80 年代美国的监管指南倾向在取样前大力进行洗井（如抽取 3～5 倍监测井体积的水），基于洗井能够在取样前去除在井内"停滞"的水，这使得井上取样成为一种标准的做法。然而，Robin 和 Gillham[40]以及 Powell 和 Puls[41]等认为在筛管中的地层水并不是停滞的。他们强调在给定井和含水层的水力条件下，地下水会在水力梯度的作用下自然流过筛管。实验结果表明，筛管本身具有较高的渗透系数[42]。在很多情况下，低流量取样法也依赖于井内水体的流动，因为这种方法通常只去除筛管内的一部分水[43,44]，被动取样也如此。总体来说，相对于被动取样，井上取样具有 3 个缺点：①会产生污水，需要处置；②在取样前会在含水层中产生水文扰动；③需要人工进行取样。由于被动取样的方法能够产生与洗井方法相似的数据，因此该方法愈加受到人们的关注。

一般的被动取样器主要分成两种：扩散型取样器、渗透型取样器。扩散型取样器一般是敞开口的，水可以自由进出，待测物质通过扩散方式进入取样器内，从水中取出时再将取样器密闭；渗透型取样器则通过渗透原理进行取样，渗透取样器一般外层有一层"膜"，使水无法透过，而待测物质可以通过渗透作用透过，从而进行取样。

具有代表性的被动取样器，如低成本的被动扩散袋（passive diffusion bag，PDB）取样器，能够使疏水性 VOC（如苯、四氯乙烯）进出，但是阻止水的进出。在操作过程中，首先装满不含分析物的水，并置于取样处，待一定时间后 VOC 通过 PDB 进入取样器并且浓度与地层水浓度平衡时，取出取样器，并将样品转移到容器中来收集。因此，该方法需要转移样品，并且只能收集到疏水性 VOC。

随着时间的推进，被动取样法得到了进一步发展，出现了一种新型"原位密封"（in situ sealed，ISS）取样器，提高了该方法的取样效率。该取样器串联容纳专用的双端开口样品瓶，可以收集多个样品瓶用于实验室分析，将取样器堆叠成不同尺寸的瓶子并垂直分开，从而根据需要从多个深度收集样本。ISS 取样器的内部装有聚四氟乙烯涂层不锈钢弹簧，并装有两个聚四氟乙烯端盖，同时使用触发线，无须使用遥控器，可手动将盖子关闭或打开。使用过程中，先将样品瓶盖子打开，深入待测位置，等待一段时间，待井内流场稳定后，可将盖子封闭取出样品。

尽管被动取样法已被广泛使用并被认为是环境监测中的一种有价值的工具，但该技术在各种环境条件下的可靠性仍存在争议。浓度和温度会对取样的可靠性造成很大的影响。浓度分布可能会由于多种因素的改变而发生很大的变化，如边界层效应、吸附作用、被动取样器表面存在的颗粒或生物质等；温度则会对扩散系数、渗透系数等造成很大影响。因此，要对被动取样器的性能进行全面评估是非常复杂的，需要分析回收率、取样容量、吸收率、反向扩散、存储稳定性、温度、流动性等因素。此外，取样器在水中的停留时间也是一个重要的影响因素。Parker 和 Mulherin[45]在对大多数分析物进行取样时，提出了 24 h 最小等待时间的"经验法则"，而对于某些容易吸附的有机物（如间二甲苯）则需要更长的时间（72 h）。通常来说，井在物理平衡上重新稳定的时间比化学平衡所需的时间长，所以在大多数情况下，取样器等待的时间需要尽量长一些，但是如果周围存在淤泥或大量的生物污垢，则会影响设备的功能。因此，需要综合考虑等待的时间。

在被动取样法中，贝勒管取样是一种古老而常见的取样法。由于其操作方便、取样容易，在含有轻质非水相液体（LNAPL）的含水层中也能有效抽出 LNAPL 样品，因此得到了广泛的应用。在采用贝勒管进行取样的过程中，不需要有停留时间，仅需要在贝勒管内部充满水后即完成了取样过程。然而，随着时间的推进，越来越多的人发现贝勒管取样无法获得具有代表性的样品，该方法对地下水中的很多指标的测定结果均有影响，如 VOC、痕量金属元素、水中胶体、溶解性气体等。

Muska 等[46]、Imbrigiotta 等[47]、Yeskis 等[48]、Tai 等[49]和 Gibs 等[50]均发现采用贝勒管测定的地下水中的 VOC 浓度与采用不同种类的泵抽提得到的 VOC 浓度具有很大的差异，并认为这些差异是不同的操作条件所导致的。Heidlauf 和 Bartlett[51]发现如果在抽除废水后采用贝勒管进行地下水取样，则地下水样品中仍然含有较高的浊度（大于 100 NTU），并且在不过滤的水样中金属元素的浓度比在过滤完的水样中的浓度高。Puls 和 Powell[52]发现用贝勒管采集的水样浊度超过了 200 NTU，但是通过抽提得到的水样的浊度仅为 25 NTU。在采集的样品中，使用贝勒管采集的砷和铬的浓度比使用抽提泵获得的浓度分别高 5 倍和 2 倍。另外，在一个井中反复地利用贝勒管进行地下水样品的采集会缩短这个监测井的使用寿命。

随后，人们又发现将贝勒管放入井中会导致套管内的水和筛管内的水发生混合，在贝勒管放入井管的同时会出现气泡，加剧了这个混合的过程，导致采用贝勒管无法获得具有代表性的水样。Puls 和 Powell[52]及 Pohlmann 等[53]发现不能利用贝勒管采集地下水测定其中的溶解氧和浊度，且这些常规指标通常在进行贝勒管取样时无法准确测定。采用贝勒管获得的地下水样品比采用抽提获得的样品的溶解氧浓度高 10～20 倍。样品中过高的溶解氧浓度不仅导致了样品中与溶解氧相关的指标不够准确，同时也导致了部分物质由于氧化和沉淀作用浓度下降，如 Fe^{2+}。对于其他金属离子而言，溶解氧的存在也会导致其被吸附或者发生共沉淀[54]。研究者发现，在取样过程中溶解性金属离子浓度的变化会导致测定物质的浓度和种类产生显著的偏差。

此外，研究者发现使用贝勒管的准确度与操作人员的操作习性密切相关。由于样品的采集方式不同，测定的地下水样品的浓度存在不一致的情况。这样的情况导致使用贝勒管采集到的样品精度和准确性均较差[46-48]。这样的操作误差可能发生在不同的取样人员中，但也可能发生在同一个取样人员中[48]。

三、低流量取样法的发展史

在 20 世纪 80 年代后期，有研究者发现，通过测定抽出水的常规水质指标（如溶解氧、电导率、pH 等），以及这些指标达到稳定的时间作为获得代表性水样的依据，可以有效地减少取样过程中对井内水体的扰动，同时减小取样前抽出的废水体积[55-58]。在这些发表的文献中，低流量取样的操作流程被提出，从而可以更加高效地采集到具有代表性的水样[59, 60]。简而言之，这种低流量取样的方法就是将取样管或水泵放置在地下水监测筛管内，然后开始抽水。在抽水管的另一端连接有上、下两个过水口的流动槽，同时在流动槽内插入在线的水质监测探头，可连续测定水质。该方法可以将抽水流量降到较低的水平，从而最大程度减少在抽水过程中对井内水体造成的扰动（如水体混合、筛管内的脱水现象和浊度的升高等），同时也能保证获得的地下水样品的水质受到的影响较小。虽然减小在抽水过程中的水头降深不是获得高质量地下水样品的必需条件（地下水流经筛管管壁的速度是抽水过程造成扰动的更好的评估指标），但是它可以减小在取样过程中抽走的废水体积。这是因为在用低流量法进行取样时，由于水头降深较小，因此从套管中流入筛管产生混合的水的体积较小，从而使筛管中的水在取样过程中具有更好的代表性。相比传统的高流量取样法和贝勒管取样法，采用低流量取样法能够显著减少对地下水的扰动，同时显著减小取样前抽出的废水体积。

在使用低流量取样法的过程中，应该尽量减小抽取地下水的流量，从而降低监测井内的浊度。例如，在渗透性较低的含水层中，采用低流量抽水仍然可能导致较大的水头降深，但可以保证流入监测筛管中的水的流速较小。在这种情况下，采集到的地下水的质量仍然较高，但抽出废水的体积和时间可能就要显著增加了。在渗透性较高的地层中，可以较为容易地通过减小抽水流量来降低抽水过程中的水头降深，从而获得具有较好代表性的地下水样品。因此，在抽水时一个关键的指标就是控制水头降深，该降深不是一个任意的数值。

低流量取样法是在这样的情景下开发的：地下水监测井具有较短的筛管（1.5 m 或以下），井直径较小（5 cm 及以下），同时地层的渗透性较好，可以在抽水流量为 1 L/min 的情况下保证具有较小的水头降深。在这些情况下，可以采用低流量取样法获得较高质量的地下水样品，同时减小抽出的废水体积。在很多情况下，低流量取样法都具有应用性强、节约成本的优点。一个地下水监测井可以承受的抽水流量和下降的水头是由该地区的含水层特性和监测井的结构来决定的。在低流量取样法的发展历史中，抽水时的表观指标（如水头降深、抽走的废水体积）和井的特性（较短的筛管和较小的井直径）并不是判断该方法可用性的唯一指标。有研究者将该方法应用在渗透性较低的地层中[58, 61, 62]，同时也有研究者应用在大直径的井管中，以及具有较长筛管的监测井中[63]，使得低流量取样法在全世界的范围内得到了广泛的传播和应用。有一些文献阐述了低流量取样法在抽出废水方面也比其他地下水取样方法更有优势[64]。

四、低流量取样法和被动取样法之间的争论

虽然大部分研究者都认同低流量取样法，认为其可以有效地采集到具有代表性的水样，然而随着时间的推进，有部分研究者对低流量取样法提出了质疑。其中，部分研究者指出，地下水流经监测井，会更新井管中的水，即井中的水是由地下水流动决定的，而与含水层的特性、井的设计、结构和抽水方式无关。因此，地下水持续流过井管和随之产生的假设，产生了一种不用抽水的取样方式[65]，同时研究者

也开发出了一种具有化学选择性被动扩散的取样袋[66]。

在许多研究中强调，当场地中有足够大的地下水水头梯度时，可以使地下水流过监测井的筛管位置，从而减小在取样前需要抽掉的废水体积。有文献提及，在自然情况下，当含水层的渗透性较好时，地下水水流会自动流过监测井的筛管位置[67]，尤其是从筛管位置中土壤渗透性最好的地方流入。实际上，Crisman 等[68]和 Elci 等[69]通过监测井中的流速测定及模型计算结果发现，监测井中筛管的水流流速会随着场地和抽提情况的不同而发生改变。在一个监测井中，筛管位置含水层的渗透率和适宜的监测井设计条件（如石英砂的填充、筛管情况和洗井情况）均会对最后流过筛管的水流产生较大的影响。他们的研究结果同样也证实了当采用低流量取样法获得地下水样品时，需要设计分散的、较短的筛管来获得具有代表性的地下水样品。另外，McMillan 等[70]构建了一个地下水流动和取样的三维模型，研究发现地下水的自然流动会对低流量取样产生较大的不利影响。当地下水取样的流量较小时，地下水抽提的流量可能不足以克服自然条件下的地下水流速。当存在天然的地下水流动时，采用低流量抽提获得的地下水样品的来源与取样管的放置位置、抽提流量和抽提时间均密切相关。即使取样的时间足够长，也不能保证获得的地下水样品来自整个筛管的位置。即使取样的流量比地下水天然流量大，也可能存在取样误差。如果想要克服地下水流速影响，则需要采用比推荐的低流量抽水对应的流量大得多的流量进行地下水取样。McMillan 等[70]同时提出，在分析地下水样品数据时，需要考虑天然流场的影响，这一点常常在数据分析的时候被忽略了。

人们很早就意识到，在抽水的情况下，流入筛管的地下水流量和流向等条件与含水层的垂向分布、石英砂的填充等因素密切相关[71-73]。在确定了某一口监测井所在含水层的水文地质条件和地下水的化学成分后，假设地下水在没有抽提的情况下流经监测井的筛管位置是不准确的。即使我们认为地下水流过了监测井的筛管位置，也需要强调地下水和井内的静态水发生了混合[55, 57]，同时在井内可能发生的化学和物理扰动会改变从含水层流入监测井的水的性质[29]。

同样，研究发现采用被动扩散袋（PDB）进行取样获得的地下水样品中污染物的浓度与有机污染物的亲水性和疏水性即有机污染物的辛醇-水分配系数，以及地下水的流速相关[74]。Britt 等[75]采用了一种特殊的取样装置，使用被动扩散袋对地下水样品进行采集，并将该方法测定的地下水水质指标结果与低流量取样法测定的结果进行对比。结果发现，采用该方法得到的地下水中 VOC 的浓度比采用低流量取样法得到的结果略微偏大。对于地下水中的砷而言，与使用被动扩散袋取样相比，采用低流量取样法在经过 0.45 μm 的亲水膜和不过膜的情况下分别得到了偏小和偏大的结果。总之，被动取样法能够准确地测定地下水中的很多水质指标，也避免了低浓度 VOC 时的测样偏差，同时具有较好的重现性，操作简单，不产生废水。然而，在应用的过程中需要仔细检查地下水是否持续地进行水平流动。

之前的讨论均聚焦一个相对理想的状态，包括井的设计、建造和水力流动都是较为理想的，且在取样时没有发生显著的地下水水头降深。但在实际操作中，经常存在水头降深较大的情况，在这些情况下地层的渗透系数往往较小，此时较为适宜采用被动取样法进行采样。因此，低流量抽水要求在取样时保持地下水水头降深较小且较为稳定。

另外，有部分研究者认为，被动取样法是一种廉价的取代主动抽水法的取样方法[76-79]。其中，贝勒管取样法作为被动取样法的一种，也重新受到了关注。例如，Gomo 等[80]比较了不同场地中，采用贝勒管取样法与采用三倍体积取样法得到的地下水样品中的无机离子浓度非常接近，且作者认为两种方法之间的微小差异可能是由于操作造成的偶然误差，而不是取样法本身的差异。然而，作者发现，在部分场地中两种取样法之间的差异较大，而在另外一部分场地中的差异则较小，该结果显示含水层的水文地质条件也会影响贝勒管取样的准确性。另外，若需要测定地下水中的微生物指标(如大肠杆菌指标)，采用贝勒管取样会获得偏大的值，因此推荐采用传统的抽提取样法来获得地下水样品。

总之，很多文献和场地实验的结果都强调了需要评估地下水监测井所在的场地条件，同时给出了测定抽出的地下水水质指标的实验方法。实验显示，低流量取样法能够适用于很多水文地质类型不同的场地条件，这些文献给出了详细的抽出废水和进行地下水取样的操作步骤[81, 82]，与随意的场地取样相比更加可靠。Varljen 等[16]构建了模拟低流量抽水过程中地下水流动的三维数学模型，并研究了取样管的放置位置、抽提流量和筛管的长度对抽出废水的影响，该研究也鼓励进行地下水取样的工作人员制订出更加合理同时切合场地实际的取样方案。然而，关于低流量取样法和被动取样法两者哪个更能采集到代表性水样的问题，目前仍然没有一个定论，这可能与场地条件和污染物性质等多种因素有关。

参 考 文 献

[1]中华人民共和国水利部. 2018 年中国水资源公报. 2018.

[2]Waterwatch Australia Steering Committee. Waterwatch Australia National Technical Manual. Canberra Australia: Canberra ACT, 2002.

[3]Misstear B, Banks D, Clark L. Groundwater sampling and analysis—a field guide. Canberra Australia: Geoscience Australia, 2009.

[4]高存荣, 王俊桃. 我国 69 个城市地下水有机污染特征研究. 地球学报, 2011, 32(5): 581-591.

[5]中华人民共和国生态环境部. 2018 中国生态环境状况公报. 2018.

[6]Waller R M. Ground Water and the Rural Homeowner, Pamphlet. US Geological Survey, 1994.

[7]Plazinska A. Microbiological quality of drinking water in four communities in the Anangu Pitjantjatjara Lands, South Australia. Canberrra: Bureau of Rural Sciences, 2002.

[8]Harter T. Water Well Design and Construction. 2003. https://escholarship.org/uc/item/0569d49p.

[9]Hou D, Luo J. Proof-of-Concept modeling of a new groundwater sampling approach. Water Resources Research, 2019, 55(6): 5135-5146.

[10]Aire C. Principles and practice for the collection of representative groundwater samples. Technical Bulletin, 2008.

[11]Nielsen D M, Nielsen G L. Groundwater Sampling, *In*: Nielsen D M. Practical Handbook of Environmental Site Characterisation and Groundwater Monitoring. Oxford: CRC-Taylor & Francis, 2006: 959-1112.

[12]Agency E. Guidance on the monitoring of landfill leachate, groundwater and surface water. TGNO2, 2002.

[13]Driscoll F G. Groundwater and Boreholes. Saint Paul: Johnson Division, 1986.

[14]Nielsen D M. Practical Handbook of Groundwater Monitoring. New York: Lewis Publisher, 1991.

[15]EPA Australia. Groundwater Sampling Guidelines. Southbank Victoria, Australia, 2000.

[16]Varljen M D, Barcelona M J, Obereiner J, et al. Numerical simulations to assess the monitoring zone achieved during low-flow purging and sampling. Ground Water Monitoring & Remediation, 2006, 26(1): 44-52.

[17]McDonald J P, Smith R M. Concentration profiles in screened wells under static and pumped conditions. Ground Water Monitoring & Remediation, 2009, 29(2): 78-86.

[18]McHugh T E, Newell C J, Landazuri R C, et al. The influence of seasonal vertical temperature gradients on no-purge sampling of wells. Remediation Journal, 2012, 22(4): 21-36.

[19]Todd D K, Tinlin R M, Schmidt K D, et al. Monitoring ground water quality: Monitoring methodology. Final report. Las Vegas: USEPA, 1976.

[20]Gibb J P, Schuller R M, Griffin R A. Cooperative Ground Water Report 7. Procedures for the collection of representative water quality data from monitoring wells. Champaign: Illinois State Water Survey and Illinois State Geological Survey, 1981.

[21]Public Law 94-580 Resource Conservation and Recovery Act (RCRA), in Subtitle C Parts 40CFE 264 and 40CFR 265. 1984.

[22]USEPA. Guidance for conducting remedial investigations and feasibility studies under CERCLA. Washington, D.C.: Superfund Docket, 1988.

[23]Scalf M F, McNabb J F, Dunlap W J, et al. Manual of ground water sampling procedures. Ada: USEPA/ERL, 1981.

[24]Gillham R W, Robin M J L, Barker J F, et al. Ground water monitoring and sample bias. Waterloo: API Publisher, 1983.

[25]Barcelona M J, Gibb J P, Miller R A. A guide to the selection of materials for monitoring well construction and ground water sampling. State Water Survey Publication 327. Cincinnati: USEPA, 1983.

[26]Barcelona M J, Gibb J P, Helfrich J A, et al. Practical guide for ground water sampling. State Water Survey Publication 274. Cincinnati: USEPA, 1985.

[27]Martin-Hayden J M, Robbins G A, Bristol R D. Mass balance evaluation of monitoring well purging. Part 2. Field-tests at a gasoline contamination site. Journal of Contaminant Hydrology, 1991, 8(3-4): 225-241.

[28]Robbins G A, Martin-Hayden J M. Mass balance evaluation of monitoring well purging. Part 1. Theoretical models and implications for representative sampling. Journal of Contaminant Hydrology, 1991, 8(3-4): 203-224.

[29]Barcelona M J, Helfrich J A. Well construction and purging effects on groundwater samples. Environmental Science & Technology, 1986, 20(11): 1179-1184.

[30]Clark L, Baxter K M. Groundwater sampling for organic micropollutants: UK experience. Quantitative Journal of Engineering Geology and Hydrogeology, 1989, 22(3): 159-168.

[31]Keely J F, Boateng K. Monitoring well installation, purging, and sampling techniques. Part 2. Case histories. Groundwater, 1987, 25(4): 427-439.

[32]Barcelona M J. Overview of the Sampling Process. *In*: Kerth L. Principles of Environmental Sampling. Washington, D.C.: American Chemical Society, 1988.

[33]Tate T. Variations in the design of depth samplers for use in groundwater studies. Water and Water Engineering, 1973, 77(928): 223.

[34] Frost R C, Bernascone T F, Cairney T. A light-weight and cheap depth sampler. Journal of Hydrology, 1977, 33(1-2): 173-178.

[35]Barcelona M J, Helfrich J A. Well construction and purging effects on ground-water samples. Environmental Science & Technology, 1986, 20(11): 1179-1184.

[36]Pettyjohn W A, Dunlap W J, Cosby R, et al. Sampling ground water for organic contaminants. Groundwater, 1981, 19(2): 180-189.

[37]Gillham R W. Syringe devices for ground-water sampling. Groundwater Monitoring and Remediation, 1982, 2(2): 36-39.

[38]Pankow J F, Isabelle L M, Hewetson J P, et al. A syringe and cartridge method for down-hole sampling for trace organics in ground water. Groundwater, 1984, 22(3): 330-339.

[39]Rozemeijer J, Van Der Velde Y, de Jonge H, et al. Application and evaluation of a new passive sampler for measuring average solute concentrations in a catchment scale water quality monitoring study. Environmental Science & Technology, 2010, 44(4): 1353-1359.

[40]Robin M, Gillham R. Field evaluation of well purging procedures. Groundwater Monitoring and Remediation, 1987, 7(4): 85-93.

[41]Powell R M, Puls R W. Passive sampling of groundwater monitoring wells without purging: multilevel well chemistry and tracer disappearance. Journal of Contaminant Hydrology, 1993, 12(1-2): 51-77.

[42]Freeze R A, Cherry J A. Groundwater. Englewood Cliffs: Prentice-Hall, 1979.

[43]STM. D6771 standard practice for low-flow purging and sampling for wells and devices used for ground-water quality investigations. *In*: Annual Book of ASTM Standards. Section Four. 2007, 4.

[44]Puls R W, Barcelona M J. Low-flow (minimal drawdown) ground-water sampling procedures. Washington, D.C.: Office of Research and Development, Office of Solid Waste and Emergency Response, 1996.

[45]Parker L V, Mulherin N D. Evaluation of the snap sampler for sampling ground water monitoring wells for VOCs and explosives. Hanover: Cold Regions Research and Engineering Laboratory, 2007.

[46]Muska C F, Colven W P, Jones V D, et al. Field evaluation of ground-water sampling devices for volatile organic compounds. *In*: Proceedings of the Sixth National Symposium and Exposition on Aquifer Restoration and Ground Water Monitoring. Worthington: National Water Well Association, 1986: 235-246.

[47]Imbrigiotta T E, Gibs J, Fusillo T V, et al. Field evaluation of seven sampling devices for purgeable organic compounds in ground water. *In*: Collins A G, Johnson A I. Ground-Water Contamination: Field Methods. Philadelphia: American Society for Testing and Materials, 1988.

[48]Yeskis D, Chiu K, Meyers S, et al. A field study of various sampling devices and their effects on volatile organic contaminants. *In*: Proceedings of the Second National Conference on Aquifer Restoration, Ground Water Monitoring and Geophysical Methods. Dublin: National Water Well Association, 1988: 471-479.

[49]Tai D Y, Turner K S, Garcia L A. The use of a standpipe to evaluate ground water samplers. Ground Water Monitoring & Remediation, 1991, 11(1): 125-132.

[50]Gibs J, Imbrigiotta T E, Ficken J H, et al. Effects of sample isolation and handling on the recovery of purgeable organic compounds. Ground Water Monitoring & Remediation, 1994, 14(2): 142-152.

[51]Heidlauf D T, Bartlett T R. Effects of monitoring well purge and sampling techniques on the concentration of metal analyte in unfiltered ground water samples. *In*: Proceedings of the Seventh Outdoor Action Conference and Exposition. Dublin: National Ground Water Association, 1993: 437-450.

[52]Puls R W, Powell R M. Acquisition of representative ground water quality samples for metals. Ground Water Monitoring & Remediation, 1992, 12(3): 167-176.

[53]Pohlmann K F, Icopini G A, McArthur R D, et al. Evaluation of sampling and field-filtration methods for analysis of trance metals in ground water. Las Vegas: Office of Research and Development, 1994: 79.

[54]Stolzenburg T R, Nichols D G. Effects of filtration method and sampling on inorganic chemistry of sampled well water. *In*: Proceedings of the Sixth National Symposium and Exposition on Aquifer Restoration and Ground Water Monitoring. Dublin: National Water Well Association, 1986: 216-234.

[55]Robin M J L, Gillham R W. Field-evaluation of well purging procedures. Ground Water Monitoring & Remediation, 1987, 7(4): 85-93.

[56]Pionke H B, Urban J B. Sampling the chemistry of shallow aquifer systems–A case-study. Ground Water Monitoring & Remediation, 1987, 7(2): 79-88.

[57]Maltby V, Unwin J P. A field investigation of ground water and vadose zone investigations. Philadelphia: American Society for Testing and Materials, 1992.

[58]Powell R M, Puls R W. Passive sampling of groundwater monitoring wells without purging: multilevel well chemistry and tracer disappearance. Journal of Contaminant Hydrology, 1993, 12(1): 51-77.

[59]Barcelona M J, Wehrraann H A, Varljen M D. Reproducible well-purging procedures and VOC stabilization criteria for ground-water sampling. Groundwater, 1994, 32(1): 12-22.

[60]Puls R W, Barcelona M J. Low flow (minimal drawdown) ground water sampling procedures. Washington, D.C.: USEPA, 1996.

[61]Vandenberg T H, Varljen M D. Hydrogeological study of the St. John's landfill. Portland: Municipal Authority, 2000.

[62]Puls R W, Clark D A, Bledsoe B, et al. Metals in ground water: sampling artifacts and reproducibility. Hazardous Waste and Hazardous Materials, 1992, 9(2): 149-162.

[63]Shanklin D E, Sidle W C, Ferguson M E. Micro-purge low-flow sampling of uranium-contaminated ground water at the Fernald environmental management project. Ground Water Monitoring & Remediation, 1995, 15(3): 168-176.

[64]Pohlmann K F, Blegen R P, Hess J W. Field comparison of ground water sampling devices for hazardous waste sites: an evaluation using volatile organic compounds. USEPA, 1990.

[65]Newell C J, Lee R S, Spexey A H. Ground water sampling: an approach foir long term monitoring. Washington: American Petroleum Institute, 2000.

[66]Vroblesky D A, Campbell T R. Equilibration times, compound selectivity, and stability of diffusion samplers for collection of ground-water VOC concentrations. Advances in Environmental Research, 2001, 5(1): 1-12.

[67]Kearl P M, Korte N E, Stites M, et al. Field comparison of micropurging vs. traditional ground

water sampling. Ground Water Monitoring & Remediation, 1994, 14(4): 183-190.

[68]Crisman S A, Molz F J, Dunn D L, et al. Application procedures for the electromagnetic borehole flowmeter in shallow unconfined aquifers. Ground Water Monitoring & Remediation, 2001, 21(4): 96-100.

[69]Elci A, Molz F J, Waldrop W R. Implications of observed and simulated ambient flow in monitoring wells. Groundwater, 2001, 39(6): 853-862.

[70]McMillan L A, Rivett M O, Tellam J H, et al. Influence of vertical flows in wells on groundwater sampling. Journal of Contaminant Hydrology, 2014, 169: 50-61.

[71]Cohen R M, Rabold R R. Simulation of sampling and hydraulic tests to assess a hybrid monitoring well design. Ground Water Monitoring & Remediation, 1988, 8(1): 51-59.

[72]Gibs J, Brown G A, Turner K S, et al. Effects of small-scale vertical variations in well-screen inflow rates and concentrations of organic-compounds on the collection of representative ground-water-quality samples. Groundwater, 1993, 31(2): 201-208.

[73]Reilly T E, LeBlanc D R. Experimental evaluation of factors affecting temporal variability of water samples obtained from long-screened wells. Groundwater, 1998, 36(4): 566-576.

[74]Booij K, Hofmans H E, Fischer C V, et al. Temperature-dependent uptake rates of nonpolar organic compounds by semipermeable membrane devices and low-density polyethylene membranes. Environmental Science & Technology, 2003, 37(2): 361-366.

[75]Britt S L, Parker B L, Cherry J A. A downhole passive sampling system to avoid bias and error from groundwater sample handling. Environmental Science & Technology, 2010, 44(13): 4917-4923.

[76]Vroblesky D A, Hyde W T. Diffusion samplers as an inexpensive approach to monitoring VOCs in ground water. Ground Water Monitoring & Remediation, 1997, 17: 177-184.

[77]ITRC. Diffusion/passive samplers. Washington, D.C.: Interstate Technology and Regulatory Council (ITRC), 2008.

[78]USEPA Reqion. Low stress (low flow) purging and sampling procedure for the collection of groundwater samples from monitoring wells. Chelmsford: Quality Assurance Unit, 2010.

[79]Savoie J G, LeBlanc D R. Comparison of no-purge and pumped sampling methods for monitoring concentrations of ordnance-related compounds in groundwater. *In*: U.S. Geological Survey Scientific Investigations Report 2012-5084. Cape Cod: Camp Edwards, Massachusetts Military Reservation, 2012.

[80]Gomo M, Vermeulen D, Lourens P. Groundwater sampling: flow-through bailer passive method versus conventional purge method. Natural Resources Research, 2018, 27(1): 51-65.

[81]Environment Protection Authority. Guidelines for Regulatory Monitoring and Testing—Groundwater Sampling. Adelaide: EPA, South Australia, 2019.

[82]USEPA. Ground-Water Sampling Guidelines for Superfund and RCRA Project Managers. Washington, D.C.: USEPA, 2002.

第二章 地下水取样法

对于地下水取样法，目前主要被人们接受的方法有 4 种，分别是低流量取样法、三倍体积取样法、被动取样法和贝勒管取样法。

低流量取样法指的是使用小流量（使得井内液面降深不高于 10 cm）对监测井进行抽水，并对抽出的水的各项参数进行实时测量，当各种参数（如电导率、溶解氧、pH、氧化还原电位、浊度）基本达到稳定后进行取样。该方法是一种广泛使用的方法，具有测量准确、产生废水少等优势。

三倍体积取样法指的是使用大流量对监测井内的地下水进行抽提，当抽出的水达到监测井中地下水体积的 3 倍时，进行取样。该方法适用于一些渗透系数较小的场地，具有取样时间较短、无须实时监测的优势。

被动取样法指的是使用被动取样器，将其放入监测井内的筛管处，含水层内的地下水会自然流经筛管，等待一段时间后取出进行取样。该方法相比其他 3 种方法出现时间较晚，具有取样准确、干扰因素较少、产生废水较少的优势。

贝勒管取样法指的是使用贝勒管深入监测井内，待井内的地下水进入贝勒管后取出并测量各种参数（如电导率、溶解氧、pH、氧化还原电位、浊度），重复以上操作，待各种参数稳定后进行取样。该方法具有设备简单、操作方便的优势，但国内一些场地在进行取样时往往忽略了测量各种参数的步骤，导致取样不够准确。

第一节 地下水取样设计

一、取样计划

在取样前制订一个好的取样计划是十分重要的，取样计划将指示取样位置、取样时间、取样原因、取样人员以及如何进行取样。取样计划应当与利益相关者、现场和实验室技术人员协商后制订。地下水取样相关的主要步骤如图 2-1 所示，这种规划是该工作流程的第一步。

在制订监测或取样计划时，应考虑可能存在的危险以及取样现场应遵守的安全规则，最大程度地减少发生事故的风险，确保取样成员的安全。

在制订取样计划时，需要考虑以下问题[1]：①为什么要进行现场取样；②谁将使用取样数据；③如何使用数据；④如何获得数据；⑤取样的目标；⑥需要什么

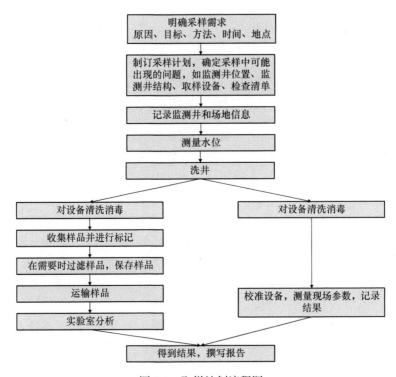

图 2-1　取样计划流程图

程度的数据;⑦将使用哪些方法进行取样;⑧将在哪里取样;⑨如何保存样品;⑩何时以及多久取样一次;⑪谁将参与其中,如何参与;⑫如何处理和报告数据;⑬如何确保数据可信;⑭取样有哪些潜在危害;⑮如何减轻这些危害。

二、取样地点的选择及影响因素

研究区域中的现有监测井在很大程度上限定了地下水取样的潜在地点,但是一些自然地貌(如泉水)或人工地貌(如矿井或矿坑)也可以作为地下水取样的地点。一些因素可能会影响监测井的选择,包括如下几方面。

(1)地层空间和深度分布,通过该信息可以获得目标含水层的样品。

(2)水位深度,范围从浅层到深层地下水系统(包括多个含水层)。可能需要使用一些多参数水质检测仪进行取样,从而调查现场化学物质随深度的变化情况(从浅水位含水层到较深的密闭系统)。

(3)土地用途,包括农业类型(作物类型、灌溉方式)、工业类型或城市地区。需要进行取样以解决地下水的潜在污染,特别是涉及有机物、病原体和重金属的情况。

(4)补给,地下水/地表水相互作用的性质和程度。因此,可以根据靠近地表水的地点（如溪流、湖泊、湿地和河口）选择钻孔。

（5）地下水用途，包括灌溉、蓄水、家庭和城镇供水。

（6）使用监测井的客观问题，如监测井的所有权、操作条件、道路通行问题以及钻孔设备（如已安装的泵）的存在和性质。

三、地下水取样的频率和持续时间

地下水取样的频率和持续时间是制订取样计划时应考虑的重要问题。例如，如果监测目的是对基本的地下水资源进行评估，则建议按季度对地下水水位进行取样，对基本水质指标（如电导率和温度）进行年度取样，并根据需要确定其他质量参数（表 2-1）。建议收集长期（一年或几十年）的水位数据，以便更好地评估与地下水供应和可持续性相关的问题[2]。

表 2-1 用于各种地下水监测目的的取样频率指导[3]

监测目的	地下水水位	地下水基本水质指标	地下水水质参数
基本资源监测	每季度	每年	按照需求
敏感地点的资源监测（如水位迅速下降区域、井口保护区、地下水水质风险区域）	每天	每月	每季度
蓄水过程/降雨影响	每天/每小时	每月/每小时	按照需求
测量含水层的密闭性/储水率	每小时/每 15 min	—	—
点源污染的潜在影响	每季度	每季度	每半年
扩散源污染的潜在影响	每半年	每半年	每年

第二节 地下水水位的测量

在洗井和取样之前，应测量监测井的总深度和水位深度，地下水水位的测量可以提供有关单个含水层内与两个含水层之间的水平和垂直水头分布以及水力梯度的信息。长期的地下水水位测量可提供有关因干旱、强降雨和地下水抽水而引起的地下水水位随时间变化趋势（以及流向和流量）的信息[4]。

一、监测井的总深度

监测未密封的监测井时，要测量的第一个参数是监测井的总深度（TD）。监测已永久安装了水泵设备且仪器无法深入的监测井时，无法测量 TD，此时 TD 应从监测井的所有者或建造者处获得，并在地下水洗井与取样表格（详见第四节表2-3）中注明。需要注意的是，所有深度测量通常都是从套管顶部或监测井护罩处（标记点，如挂锁点）进行的。因此，还应测量该参考点在地面以上的高度。

随着时间的推进，监测孔的底部可能会被淤积。将测得的 TD 读数与建造时记录的深度进行比较，这对于确定监测井的状态可能很有用。

（一）设备

监测井总深度可以使用带有负重的卷尺进行测量，卷尺至少与所要测量的监测井一样长。为了避免在测量中出现错误，应使用较重的负重，这样可以让卷尺很容易到达监测井的底部。

（二）步骤

（1）将重物放到监测井中，直到到达底部为止，此时卷尺会松弛。
（2）提起并放下卷尺几次，以"感觉"到监测井的底部。
（3）记录在卷尺前端距离负重的长度（如果尚未考虑）。
（4）从测量值中减去套管在地面以上的高度。
（5）记录结果。
（6）在下一次使用前，清洗卷尺。

二、水位深度

可以使用水位计进行测量。水位计使用一个探头，探头由电极间的绝缘间隙构成，该探头连接到永久标记的聚乙烯卷尺上，该卷尺安装在卷盘上（图2-2），该探头能够检测绝缘间隙之间是否存在导电液体，并由标准的 9 V 电池供电。当与水接触时，电路闭合，从而将信号发送回卷轴，激活蜂鸣器和指示灯，因此可以通过卷尺直接获取监测井顶部的读数来确定水位。

图 2-2　水位计

第三节　地下水取样设备

一、洗井和取样设备

对于低流量取样法和三倍体积取样法，在取样前需要进行洗井操作，以下列出了常用的洗井和取样设备、使用范围及其优缺点[4]。

（一）贝勒管

贝勒管（Bailers）是最简单的洗井取样设备，贝勒管主体是不同材质的长圆管，顶部连接取样绳，底部末端配有止回阀（图 2-3）。取样绳与水接触的部分需用聚四氟乙烯（PTFE）或聚氯乙烯（PVC）材质包裹的不锈钢丝，不与水接触的部分可以采用其他材质。取样管下降取样时水样由止回阀进入管内，向上提起时水被止回阀截留在管内部。取样管直径很小，能够采集小口径的深水井水样。通过调节取样绳的长度，取样管可以采取任意深度的地下水。

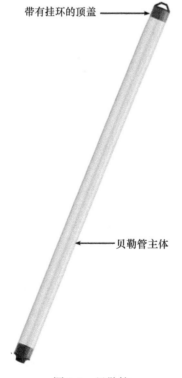

带有挂环的顶盖

贝勒管主体

图 2-3　贝勒管

贝勒管主要有聚四氟乙烯（PTFE）和聚氯乙烯（PVC）两种材质。PTFE 贝勒管对各种污染物均适用，PVC 贝勒管只适用于金属污染物分析。用贝勒管取样时，应将贝勒管放置于监测筛管中部附近采集水样，且贝勒管在井中应缓慢移动，避免造成井水扰动。聚乙烯材质的贝勒管为一次性取样器。贝勒管外径应小于井管内径的 3/4，需要配流速调节阀。

贝勒管使用之前需清洗。取样过程中取样者需佩戴手套，在不同取样位置需更换手套，取样设备不能触碰地面或其他潜在的污染物表面。

1. 优点

（1）兼容性强，可以对各种污染物进行取样。

（2）大小可以根据取样点的情况而变化。

（3）易于清洁且无须外部电源。

（4）价格便宜且易于获得。

（5）易于运输。

2. 缺点

（1）耗时，水流不连续。

（2）监测井附近的人很容易暴露在样品的污染物中。

（3）可能难以确定样品在监测井内代表的位置。

（4）对于深井，使用贝勒管很难将套管中非代表性的水清除。

（5）在贝勒管收集样品和地下水从贝勒管转移到样品瓶的过程中，空气可能会进入样品中。

（6）当采集很深的样品时，长时间的样品收集可能会对空气敏感的化学成分产生影响。

（7）可能对井内的地下水造成很大干扰。

（二）潜水泵

潜水泵（submersible pump）的动力来源为电能或压缩气体能源，电能可由 12 V 直流电源或 110 V 或 220 V 交流电源供给。如果使用发电机，所用的汽油是潜在的污染源，需远离洗井和取样设备。潜水泵可用于采集不同直径监测井内不同深度的样品。

1. 优点

（1）可以由各种材料制成。

（2）直径范围广，可以进入孔径不同的监测井内进行取样。

（3）可以进行大流速抽提。

（4）可以提供长时间的连续样本。

（5）12 V 泵相对便携。

（6）可以采集较深的监测井内的样品。

2. 缺点

（1）如果抽提的水中含有砂砾会损坏泵。

（2）对于一些直径很小（如 50 mm）的井，存在潜水泵太大而无法进入的问题。

（3）如果没有淹没在水里，潜水泵可能会过热。

（4）清洗存在一定的难度，很难避免不同井之间的交叉污染。清洗过程中需要使用的溶剂可能污染样品。

（三）气囊泵

在一个钢筒内装有一个柔韧的可挤压的气囊，进水口和排水口分别安装有止回阀，挤压气囊的气体不与样品接触。

气囊泵（bladder pump）的使用很像挤压一个装有水的塑料瓶。当把气囊泵放入监测井水中时，在静水压力的作用下，水通过底部的止回阀进入泵体，气囊泵充满时，止回阀关闭。在地表注入气体，进入泵体和气囊外壁之间的空间，挤压气囊使水上升到取样管，顶部的止回阀使进入取样管的水不能回流，释放气体后气囊再次充水。以同样的方法重复进行，抽取地下水。

1. 优点

（1）容易携带，直径较小。

（2）气体与样品不接触。使用泵驱动气体，用被压缩的空气来膨胀和收缩柔性气囊，由于不接触，对水的化学成分影响最小。

（3）空运行不会损坏取样泵。

（4）适用于低流量取样，对水流扰动小。

（5）扬程较大。

2. 缺点

（1）非连续流。

（2）流量较小。

（3）对监测井进行洗井操作耗时较长。

（四）真空泵

真空泵（suction pump）包括蠕动泵和隔膜泵。隔膜泵流速范围较大，高流速用于快速洗井，低流速用于取样。蠕动泵是低流量泵，蠕动取样管可根据监测井情况置换，避免交叉污染。

蠕动泵由三部分组成：驱动器、泵头和软管。接触地下水部分取样软管推荐使用镀聚四氟乙烯的聚乙烯取样管，滚柱部分软管推荐采用医用级硅胶管，也可以根据污染物性质选择泵软管。

1. 优点

（1）可用于小口径监测井取样。
（2）液体样品只与取样管接触，从而保证样品无污染。
（3）可快速更换取样管、易于操作，可以干运转，维修费用低。
（4）运行速度可调可控。
（5）不同井之间取样只需更换取样管，不必清洗泵。
（6）对于无机污染物可用同一蠕动泵和取样管完成洗井与取样。
（7）价格便宜。

2. 缺点

（1）取样深度有限（6～8 m）。
（2）由于真空作用可能会损失溶解气体和挥发物。
（3）由于使用汽油或柴油运行泵可能造成样品污染。

（五）惯性泵

惯性泵（inertia pump）适用于监测井深度较大且无法使用贝勒管采集的情况，或者监测井太浅、井直径较小而无法使用潜水泵的情况，手动操作容易。惯性泵为塑料材质，可一次性使用或清洗之后多次使用。

1. 优点

（1）结构简单，人工、天然气或电动马达驱动，价格低廉。
（2）对于被沉积物堵塞的监测井很适用。
（3）一次性使用能够避免交叉污染。

2. 缺点

（1）主要用于直径小的监测井，因为大直径会增加取样管摆动的可能性。
（2）流量较小。

（六）气提泵

气提泵（air-lift pump）是一种利用重力和惯性原理通过将压缩空气注入取样管中从而进行抽水的装置。排入的空气使水通过取样管向上流动，从而导致水不断从泵中流出。气提泵非常适合水中污染物会损坏机械泵的场合。

1. 优点

（1）相对便携。
（2）易获取、价格便宜。

2. 缺点

（1）可能引起二氧化碳浓度变化，因此不适用于对 pH 敏感的样品。
（2）由于样品脱气，因此不适合进行严格的化学分析。
（3）除非使用惰性气体（如 N_2）代替空气，否则可能会导致氧化。

（七）潜水柱塞泵

潜水柱塞泵（submersible piston pump）具有由压缩空气驱动的自动往复式活塞马达，通过活塞的往复运动直接以压力能形式向液体提供能量，从而抽提出监测井内的液体。

1. 优点

（1）便携、直径较小。
（2）非接触式气动泵，使用压缩空气进行活塞运动。
（3）由于不接触，对水的化学成分影响最小。
（4）可以抽取深水位的地下水，最多可达 300 m。
（5）操作简单。

2. 缺点

（1）非连续流（尽管往复式活塞是近乎连续的）。
（2）流量相对较低，洗井耗时较长。
（3）价格较高。

表 2-2 显示地下水洗井和取样设备的特点、参数与污染物适用性，在具体取样操作中应当进行考虑。

需要注意的是，在一些需要低流量洗井和取样的情况下，泵的流量应可变。当以低流速运行时，某些泵可能会过热，从而影响样品的物理和化学性质，应当在取样时注意。

表 2-2　地下水洗井和取样设备特点与污染物适用性

设备	监测井最小直径(mm)	可适用地下水最大深度(m)	取样速率	现场水质指标				无机物			有机物	
				电导率(EC)	pH	氧化还原电位	溶解氧	主要离子	重金属	盐类	VOC	SVOC
贝勒管	12.5	无限制	范围大	√				√		√	√*	√*
惯性泵	12.5	无限制	范围大	√				√		√		
蠕动泵	12.5	7.6	0.05~4 L/min	√				√		√		
气提泵	12.5	76	0.05~20 L/min	√	√			√	√	√		√
气囊泵	12.5	91	0.025~8 L/min	√	√	√	√	√		√	√	√
潜水柱塞泵	50.8	305	0.1~8 L/min	√				√		√		
齿轮式电动潜水泵	50.8	91	0.05~12 L/min	√	√	√	√	√		√		√
螺旋式电动潜水泵	50.8	55	0.1~6 L/min	√	√	√	√	√		√		√
离心电动潜水泵	44.5	67	0.1~34 L/min	√	√	√	√	√	√	√		√

注：VOC 表示挥发性有机物（volatile organic compound）；SVOC 表示半挥发性有机物（semi volatile organic compound）。*如果贝勒管用于 VOC 和 SVOC 样品的采集，取样和洗井过程应缓慢上升或下降，否则因活塞效应将造成浊度增加，影响水质监测

在选择取样泵时，以下是重要的实际考虑因素。

（1）采集样品的深度很重要，因为样品越深，设备将样品输送到地面需要克服的压力越大。

（2）监测井必须能够容纳取样装置，井的直径越小，选择范围越有限。

（3）有些泵更易于操作、清洁和维护。

（4）在两次取样之间需要对设备进行清洗，在现场易于清洗是一个明显的优势。

（5）可靠性和耐用性很重要，因为地下水取样设备经常在重负载和受限空间中长期运行。

洗井和取样设备包括任何会与样品接触的东西，如泵、取样管、喷雾器和样品容器。洗井和取样设备应使用不会污染样品的相对惰性的材料（如聚四氟乙烯、玻璃、不锈钢）制成。存在有机物和痕量金属吸收与释放时，以及进行痕量浓度地下水样品采集时选择取样设备至关重要。

此外，用于收集地下水样品的容器不得影响样品的完整性，样品容器可从专门的供应商或分析实验室获得。比较常用的样品容器是具聚四氟乙烯硅胶衬垫螺旋盖的 40 mL 棕色玻璃瓶。

二、现场监测设备

采用不同方法所需要的监测设备是不同的。一般来说，采用低流量方法进行取样所需要的监测设备是最多的。下面是比较常用的一些现场监测设备。

（1）便携式有机物快速测定仪：便携式光离子化检测仪（photoionization detector，PID）或便携式火焰离子化检测仪（flame ionization detector，FID）等。

（2）油水界面仪：适用于存在非水相液体（NAPL）的场地。

（3）水位仪：精度为 1 cm。

（4）便携式水质监测仪：便携式 pH 计，精度为 0.1，附有温度补偿装置；便携式氧化还原电位测定仪，精度为 1 mV；便携式溶解氧仪，精度为 0.1 mg/L；便携式电导率测定仪，精度为 0.01 μS/cm，附有温度补偿装置；便携式水温计，精度为 0.1℃；便携式浊度测定仪，精度为 1 NTU。使用便携式多参数水质检测仪能够同时测量以上所有参数。

第四节　低流量取样法

一、低流量取样法概述

低流量取样法是 20 世纪 80 年代开发的地下水取样法。在采用该取样法时，通常以较低的流量对地下水进行抽提（一般为 0.3 L/min 左右）。在抽提的过程中，连续测定抽出水的常规水质指标（如溶解氧、电导率、pH 等），并利用这些指标达到稳定的时间作为具有代表性样品的依据。在水质指标达到稳定后，再进行地下水样品的采集。

低流量取样法相比其他方法具有一定优势：对取样点的干扰最小，从而最大程度地减少取样误差；流程比较固定，操作人员需要自己改变的参数较少，便于操作；由于抽提流量较小，液面的下降高度也较小，从而减少了对地层的压力；停滞的套管水与地层水的混合较少；流量较小，不容易带出井底沉积的淤泥，从而降低了过滤的需求，减少了取样时间；产生的洗井废水较少，因此减少了取样时间和废水处理成本；样品的平行性较好，减少了人工取样产生的误差；能够对具有分层的含水层进行取样。

同时低流量取样法也存在一些不足：初始所需的成本较高；现场操作的时间过长；所需要的设备较多；运输成本较大；培训的需求增加。

二、代表性水样的指示指标

当采用低流量取样法时，常常测定的水质指标包括 pH、电导率、浊度、氧化还原电位和溶解氧浓度。当连续测定所抽水质的这些指标时，发现 pH 的波动范围在 ±0.1 之内，温度的波动范围在 ±0.5℃以内，电导率的波动范围在 ±3%以内，氧化还原电位的波动范围在 ±10 mV 以内，浊度和溶解氧的波动范围在

±10%以内时，可以认为获得的水样具有较好的代表性。

通常来讲，水质指标稳定的先后顺序是 pH、温度、电导率、氧化还原电位、溶解氧和浊度。温度和 pH 作为是否抽提到了具有代表性水样的指示指标，通常是不敏感的，无法有效地判断抽取的水样来自含水层还是套管水。然而，这两个指标仍然很重要，因为它们可以用来解释测定的地下水的水质数据，因此也需要同时被测定。浊度往往是 6 个指标中最难稳定的一个指标。通常来讲，过度的地下水抽提往往是由于出水中浊度很难稳定。需要指出的是，天然情况下地下水中的浊度一般小于 10 NTU。判断地下水水质达到稳定的关键指标应该是井内的水头降深，抽提流量和监测的地下水水质数据。可以采用在线的多参数水质检测仪，将该水质仪放置在流动小室中，从而对地下水的水质指标进行连续测定。此外，对于需要长时间反复取样的场地，建议使用相同的专用地下水取样设备，可以增加样品之间的一致性，减少指标扰动。

三、取样设备与耗材

低流量取样法通常需要以下设备。
（1）在历史取样中监测井的建造数据以及场地和水质数据。
（2）样品瓶、防腐剂、标签、冰袋和容器。
（3）现场取样笔记本、地下水洗井与取样表格（表 2-3）和计算器。
（4）光离子化检测仪（PID）。
（5）水位计。
（6）多参数水质检测仪。
（7）蠕动泵（或其他流量相对较小的水泵）。
（8）蠕动泵用聚乙烯管。
（9）蠕动泵用硅胶管。
（10）流量测量配件，包括具刻度的容器（即 500～1000 mL 刻度塑料量杯）、秒表和计算器。
（11）电源（注：如果使用燃烧式汽油或柴油发电机，必须将其放置在取样区域的下风处。如果可能的话，还应将其运输到与其他取样设备不同的车辆中，避免交叉污染）。
（12）清洁消毒用品：自来水、蒸馏水、消毒容器或试管、刷子和无磷肥皂；（请参见本节第七部分清洁与消毒）。
（13）井的钥匙和井的位置图。
（14）可重复密封的塑料袋。
（15）工具箱，其中包括所有现场设备所需的工具。
（16）用来存放和运输洗井与取样产生的废水的容器。

表 2-3 地下水取样表格

项目编号：		任务编号：		项目名称：			日期：
地点：			取样人：				
井编号：			（1）水深（m）：		抽水后水深（m）：		
筛管长度（m）：			（2）总井深（m）：		测量参考位置：套管顶部		
筛管的位置（m）：			井直径（m）：		PID（ppm*）：		

井内水的深度（m）：
井内水的体积（L）：
取样方法：
（ ）低流量取样法
（ ）三倍体积取样法

取样设备：　　　　　　　　　　多参数水质检测仪种类：
（ ）潜水泵 （ ）专用管子　　（ ）YSI-6920 （ ）其他：_____
（ ）蠕动泵 （ ）其他：_____　（ ）YSI-6920 V2

时间	水头 （m）	温度 （℃）	电导率 （μS/cm）	pH	氧化还原电位 （mV）	浊度 （NTU）	溶解氧 （mg/L）
—	—	—	（±3%）	（±1%）	（±10 mV）	（±10%）	（±0.3）
开始洗井							

注：低流量取样法洗井速率为 0.2～0.5 L/min，然后缓慢增加，不要产生>10 cm 的液面下降；三倍体积取样法洗井速率为 7.5～15 L/min

* 1 ppm=1×10^{-6}

四、取样前的准备工作

（1）安全第一。

（2）在开始洗井之前，查看先前的监测井取样数据，以确定成功洗井的抽水速率，防止产生过多的湍流或液面下降。对于新井，检查井的建造数据以确定合适的抽水速率。

（3）填写地下水洗井与取样表格（如项目名称、井编号、日期和时间、井直径、筛管长度和取样设备），并将信息记录在现场日志中。

（4）检查监测井的内部和外部是否有损坏迹象。内部检查通过使用适当的照明自下从套管至水面扫视来进行。

（5）解锁并打开井口。

（6）拆下内壳盖。

（7）如果待监测物质存在 VOC，在取下井盖时需要使用 PID，将 PID 读数记录在地下水洗井与取样表格中。

（8）使用水位计测量液面高度。

（9）如果需要考虑浮在水面上方的有机物，可以使用测量漂浮有机物的油水界面探头来测量水位和油的厚度。

（10）请参阅可用的监测井信息，以确定筛管间隔的位置和长度。对于没有专用取样管的井，将预先测量的聚乙烯取样管连接到蠕动泵或潜水泵，并缓慢降低取样管或泵，直到泵入口放置在筛管中部。将泵的位置记录在地下水洗井与取样表格中。注意设备的降落应该缓慢而平稳。切勿将泵掉入井中，因为这样会在撞击时导致水脱气。同时，也可能会增加浊度，可能会使金属分析结果产生偏差。

（11）将取样管从蠕动泵或潜水泵连接到水质检测仪流通池的底部入口。将流通池排放管线连接到流通池的顶部端口。在监测井的净化和取样过程中，将流通池的顶部引到容器中以容纳排出的废水。

五、洗井

（1）进行洗井时，应以适当速率进行抽水，理想情况是每分钟 0.2～0.5 L。使用刻度容器测量抽水速率并记录在取样日志中。保持稳定的流速，同时保持小于 10 cm 的压降。

（2）如果压降大于 10 cm，则降低流速。对于筛管在地下水水位以下的井，如果液面下降到筛管的顶部，需要关闭抽水泵进行恢复。该信息应在野外笔记本或地下水洗井与取样表格中注明。

（3）测量水位，并将其记录在"地下水洗井与取样表格"中。在洗井过程中，每 3～5 min 记录一次水位。

（4）使用多参数水质检测仪，每 3～5 min 监测并记录温度、电导率、溶解氧、pH、氧化还原电位和浊度的水质参数，将这些值记录在地下水洗井与取样表格中。

（5）继续洗井，直到连续3次测得的参数稳定如下：电导率±3%、溶解氧±0.3 mg/L、温度±0.5℃、pH±0.1、氧化还原电位±10 mV 和浊度±10%（当浊度大于 10 NTU）。

（6）满足洗井稳定标准后，即可进行样品收集。如果没有稳定下来并且严格遵循该程序，那么一旦抽出的水达到 3 个监测井体积时，就可以进行样品收集。有关清洗期间发生的具体信息，必须记录在现场日志或地下水洗井与取样表格中。

（7）对于样品采集，保持相同的抽水速度或稍微降低抽水速度（每分钟 0.2～0.5 L），以最大程度地减少对取样的干扰。取样期间的泵应保持平稳，流量恒定，并且在装入取样瓶的过程中不应产生湍流。

（8）断开取样管与流通池的连接，以便从泵的排放管中收集样品。在流经流通池之前，应从流经取样管排出口的水中直接收集样品。按照本节第六部分所述收集样本。

（9）收集完样品且关闭泵之前，使用水位计测量最终的静态水位。

（10）整理取样设备。

（11）关闭并锁上井。

（12）按照本节第七部分中的规定，对所有设备进行净化处理，然后再进行下一口井的取样或结束当天工作。

（13）将所有受污染的液体以及一次性设备存放在适当容器中并按照相关规定进行处理。

六、取样

按照以下收集样品类型的顺序填充每个液体样品容器：①挥发性有机物（VOC）分析；②总有机物分析；③半挥发性有机物（SVOC）分析；④金属分析。

应首先收集 VOC 样品，正确收集 VOC 样品要求对样品的干扰最小，以减少样品中挥发物的损失。VOC 样品收集应按以下步骤进行（其余类型样品与此相类似）。

（1）安全第一。

（2）要收集挥发性有机物样品，请确保将 40 mL 螺旋盖玻璃样品瓶与衬有聚四氟乙烯的隔垫一起使用。

（3）确保标签中包含的信息正确（如样品位置、保存试剂、分析要求）。

（4）在填充小瓶之前，使地下水参数稳定。

（5）将样品缓慢倒入样品瓶的边缘，以避免在填充过程中过度充气或搅动样品。如果取样流量过大，应将流量调小之后再进行取样。

（6）填充每个样品瓶直至溢出，直到样品瓶顶部出现凸弯月面。不要过度溢出样品瓶，因为这样会稀释保存试剂并影响 pH。

（7）小心快速地将盖子拧到容器上并拧紧。请勿过度拧紧并弄破盖子。

（8）翻转样品瓶并轻轻敲击，仔细观察小瓶。如果出现任何气泡，请打开瓶盖，添加足够的水以消除气泡，然后将瓶盖快速拧到容器上并拧紧。重复此步骤，直到所有气泡都被清除为止，最多 3 次。注意：含有碳酸盐的 VOA 样品与酸性防腐剂反应，会起泡（由于形成二氧化碳），这可能导致挥发性有机物的损失。如果怀疑有碳酸盐，请与项目负责人联系并进行评估。

（9）丢弃所有掉落的样品瓶。

（10）立即将所有样品放在取样箱中的冰上，密封取样箱。

（11）建议当天将样品运送到实验室，以避免超过样品保存时间。确保样品保持在 4℃，不要使样品冻结。

七、清洁与消毒

（一）材料

地下水取样设备的净化需要以下材料：①自来水；②蒸馏水；③非磷酸盐清洁剂；④塑料容器；⑤刷子；⑥纸巾；⑦垃圾袋。

（二）清洁与消毒准则

在使用前后，所有用于收集、制备、保存和存储环境样品的非一次性设备必须进行清洁。除非使用的设备和材料是一次性的或无法重复使用的，否则必须在现场进行净化处理。

（三）对水位计/钢卷尺进行消毒

水位计/钢卷尺与监测井中地下水接触的部分应按以下方法进行净化：①安全第一；②松开探头线轴；③将钢卷尺与地下水接触的部分放入装有非磷酸盐清洁剂的自来水混合物的容器中。确保将钢卷尺与地下水接触的整个区域浸没在非磷酸盐清洁剂溶液中；④用蒸馏水彻底冲洗钢卷尺；⑤收起探针线轴；⑥将所有受污染的液体存储在容器中，以备将来处理。

（四）清洗多参数水质检测仪

多参数水质检测仪应按以下方式清洗：①在对不同取样点进行取样的过程中，

需要用蒸馏水冲洗多参数水质检测仪传感器和流通池；②由于传感器探头的敏感性，不需要或不建议进行其他去污处理；③取样后，必须按照制造商的要求清洁和维护流通池与传感器。

（五）潜水泵和取样管的消毒

在采集一个地下水样本之后，必须对潜水泵进行清洗。泵和排放管线，包括与监测井中地下水接触的支撑电缆和电线，应按照以下步骤进行净化。

（1）将泵从先前取样的监测井中拉出，送至去污区。将一次性管材放入垃圾袋中进行处理。

（2）准备好3个用于清洗泵的容器：第一个装有非磷酸盐清洁剂和自来水，第二个装有自来水，第三个装有蒸馏水。

（3）将泵放入装有非磷酸盐清洁剂和自来水的容器中，泵必须完全浸没在溶液中。

（4）从容器中取出泵，如果存在可见的污染，请用刷子刷洗泵壳和电缆的外部。

（5）将泵和排放管线放回装有非磷酸盐清洁剂和自来水的容器中。启动泵，并使肥皂水再循环2 min（清洗）。

（6）关闭泵。

（7）从装有非磷酸盐清洁剂和自来水的容器中取出泵。

（8）将泵放入装有自来水的第二个容器中，泵必须完全浸入自来水中。

（9）启动泵，并使自来水再循环2 min（第一次冲洗），以低速方式进行冲洗。

（10）关闭泵。

（11）从装有自来水的容器中取出泵。

（12）将泵放入装有蒸馏水的第三个容器中，泵必须完全浸入蒸馏水中。

（13）启动泵，并使蒸馏水再循环2 min（第二次/最终冲洗）。

（14）关闭泵，然后从装有蒸馏水的容器中取出泵。

（15）用蒸馏水清洗泵的外部和暴露于地下水的电线。

（16）在将泵放入下一个井之前，应先擦拭泵和排放管线或使其风干。

（17）所有受污染的液体存放在特定容器中并按照相关规定进行处理。

八、储存与运输

（一）注意事项

（1）采集后以及将其放入冰柜之前，应尽量减少样品在阳光和高温下暴露的时间。

（2）将样品与低于冰点的温度隔离。

（3）将样品冷却至4℃或更低的温度。

（二）材料

需要以下材料来正确处理、包装和运送样品：①冰袋和冰；②大塑料袋；③塑封袋；④样品容器标签；⑤剪刀；⑥不褪色记号笔；⑦缓冲材料（如气泡包装纸）。

（三）操作步骤

样品的包装、运输和处理应按照以下步骤进行。

（1）安全第一。

（2）在取样箱上垫上气泡包装纸和大塑料袋。

（3）对样品进行取样并贴上标签后，将玻璃样品容器放入运输泡沫或气泡包装纸中，然后放入塑封袋中。确保样品容器上标有位置标识、日期、时间、样品收集者的姓名。

（4）将装有样品容器的塑封袋放入取样箱内的大塑料袋中。

（5）将冰袋装在可重新密封的袋子中，然后再放入取样箱中。

（6）立即将所有样品放在取样箱中的冰上。

（7）用透明胶带封闭装有样品的塑料袋的开口，使融化的冰不会泄漏到冷却器中。

（8）关闭取样箱的盖子。

（9）运输到实验室。

（10）具体保存方法与检测项目有关，详见表2-4。

表2-4 地下水样品保存方法

序号	检测项目	水样需要量(mL)	容器	保存方法	最长保存时间
1	电导率	500	—	若取样后无法在24h内完成测定，应立即以0.45μm滤膜过滤，然后4℃冷藏并避免与空气接触	—
2	pH	300	玻璃或塑料瓶	—	立刻分析（现场测定）
3	温度	1000	—	—	立刻分析（现场测定）
4	浊度	100	—	暗处，4℃冷藏	48h
5	一般金属	200	以1+1硝酸洗净的塑料瓶	加硝酸使水样pH<2（如果测定可溶性金属，需取样后立刻以0.45μm滤膜过滤，并加硝酸使滤液pH<2），4℃冷藏	180天

序号	检测项目	水样需要量(mL)	容器	保存方法	最长保存时间
6	六价铬	300	塑料瓶	暗处，4℃冷藏	24 h
7	砷	—	以1+1硝酸洗净的塑料瓶	加硝酸使水样 pH<2，4℃冷藏	180天
8	硼	100	塑料瓶	暗处，4℃冷藏	7天
9	硒	—	—	加硝酸使水样 pH<2（如果测定可溶性金属，需取样后立刻以 0.45 μm 滤膜过滤，并加硝酸使滤液 pH<2），4℃冷藏	—
10	汞	500	预先以低汞含量浓硝酸或超纯浓硝酸（1+1）溶液清洗下列容器：①石英或聚四氟乙烯材质容器；②聚丙烯或聚乙烯材质且具有聚乙烯瓶盖的容器；③硼硅玻璃材质容器	加硝酸使水样 pH<2（如果测定可溶性金属，需取样后立刻以 0.45 μm 滤膜过滤，并加硝酸使滤液 pH<2），4℃冷藏	如果水样中汞浓度数量级为 mg/L，则保存时间为 35 天；如果水样中汞浓度数量级为 0.001mg/L，则应取样后尽快分析
11	氰化物	1000	塑料瓶	加氢氧化钠使水样 pH>12，暗处，4℃冷藏	7 天（若水样含硫化物，则为 24 h）
12	氟化物	300	塑料瓶	暗处，4℃冷藏	7天
13	多氯联苯	2000	棕色玻璃瓶，或普通玻璃瓶以铝箔纸包裹避光，瓶盖内附聚四氟乙烯内垫	不能用待采水样预洗，加硫酸或氢氧化钠使水样 pH 为 5.0~9.0，4℃冷藏（如果取样后 72 h 内可以完成水样的萃取，则可以不用调整 pH）	7 天（取样-萃取），40 天（萃取-分析）
14	挥发性有机物	40×2	40 mL 棕色 VOA 瓶，瓶盖内附聚四氟乙烯垫片	不能用待采水样预洗，加盐酸使水样 pH<2，装样后不能含有气泡，暗处，4℃冷藏。如果水样中含有余氯，则每瓶水中添加 25 mg 抗坏血酸	14 天
15	半挥发性有机物	1000	棕色玻璃瓶，或普通玻璃瓶以铝箔纸包裹避光，瓶盖内附聚四氟乙烯内垫	不能用待采水样预洗，暗处，4℃冷藏（若水样中含有余氯，则需添加 80 mg/L 硫代硫酸钠）	水样应于 7 天内完成萃取，萃取后 40 天内完成分析
16	农药	1000	棕色玻璃瓶，或普通玻璃瓶以铝箔纸包裹避光，瓶盖内附聚四氟乙烯内垫	不能用待采水样预洗。保存方法因种类不同而异，按照相关标准检测方法要求执行	72 h（取样-萃取），按标准执行（萃取-分析）

注：①表中未列的检测项目，建议以玻璃或塑料瓶存放，4℃低温冷藏，并尽快分析；②表中所列水样样品量为一次检测分析需求量，如果有相应质控需求，则应相应增加样品量；③表中 4℃冷藏为（4±2）℃范围内冷藏；④保存时间从现场样品采集完后开始计算。1+1 硝酸与 1∶1 硝酸同义，表示 1 体积浓硝酸加上 1 体积水

第五节 三倍体积取样法

一、三倍体积取样法概述

三倍体积取样法是一种较早开发的地下水取样法。在 20 世纪 80 年代早期，该方法已经基本成熟。该方法规定，在采集样品前需要移除至少 3 倍监测井体积的水后，才能进行地下水样品的采集。

三倍体积取样法的优势在于：设备简单易得，相比低流量取样法，取样时间较短，操作步骤较为简单，人员培训较为方便。而三倍体积取样法的劣势在于：快速的抽水会对井内水体产生潜在的扰动（如产生气泡），从而导致混入新的物质，影响取样结果；对于渗透系数较低的污染场地，可能会将井内的水抽干，从而导致脱水现象；三倍体积取样法无法对有分层的含水层中的地下水进行取样。除此之外，高流量抽取监测井内的废水会导致产生较多潜在污染废水，这些废水需要进行妥善的处置，导致成本增加。

二、取样过程

对于三倍体积取样法，其中取样前的准备工作、取样、清洁与消毒、储存与运输和低流量取样法相同，而洗井过程与低流量取样法有所差异，三倍体积取样法的洗井步骤如下。

（一）计算所需抽取的水量

（1）测量监测井的内径，并将其减半以获得半径。

（2）测量 TD——监测井的内径（请参见本章第二节第一部分），或从相关的监测井数据库或所有者中获得。

（3）测量水位——地下水水位深度（请参见本章第二节第二部分）。

（4）计算监测井内水柱的高度（总深度减去水位），记为 H。

（5）使用如下公式计算监测井内地下水的体积 V。

$$V = \frac{\pi}{4} \times TD^2 \times H$$

（6）V 乘以 3 可计算出 3 倍井体积。

（7）常见监测井直径所需排出的体积近似值如表 2-5 所示。

（二）操作步骤

（1）将泵降低到筛管上方约 1 m 的位置（如果知道），或者如果不知道筛管深

表 2-5　套管直径和需要从监测井中排出的水量

井直径（mm）	1 m 高度的体积（L）	每米需要排出的体积（L）
25	0.5	1.5
50	2	6
75	5	15
100	8	24
125	12.5	37.5
150	17.7	53.1
200	31.5	94.5

度，则将其放置在监测井底部上方 1～2 m 处。需要避免淤泥被吸入泵中，如果将泵放置在离筛网或井底太近的位置，则可能会发生这种情况。

（2）启动泵后，在不使监测井抽干的情况下，尽可能使用最大流量。

（3）计算流量（请参阅下面的计算流量部分内容）。

（4）确定了恒定流量后，通过在抽水过程中将泵缓慢提升到水柱顶部附近，然后将其缓慢降低到先前的深度来完成。通过这种方法，监测井中停滞的套管水将被抽空。

（5）持续抽水直到排出 3 倍井体积的水为止。

注意：如果孔中有淤泥，操作人员可能会在不知不觉中将泵降低至淤泥中，从而堵塞了泵。同样，如果要抽取的水量很大或水中含有悬浮的沉淀物，则泵存在发生故障的风险。因此，在首次取样之前，应考虑使用大型空气压缩抽提设备，从而正确进行洗井。

（三）计算流量

测量将 10 L 的水桶注满水所需的时间 t。

使用以下公式计算流速（FR）：

$$FR（L/min）= 60 \times 10 / t(s)$$

已知监测井内水的体积（V）和流量（FR），使用以下公式计算抽出 3 个套管量所需的时间（T）。

$$T = V / FR \times 3$$

第六节　被动取样法

一、被动取样法概述

被动取样法一般是指将取样器放入井内，在水下进行取样的方法。与主动取样相比，使用被动方法进行取样操作相对较快，通常只需要 10～20 min，并且只需很少的设备即可完成。在实际应用中，带到现场的物品很少，包括替换瓶、水位计、冷却器和文件表格等。同时使用该方法不会产生废水，所有收集到的样品与瓶子一起转移到实验室，避免了露天转移，提高了准确性，能够对深层水以及分层的含水层进行取样。而该方法的缺点在于等待的时间较长。此外，由于被动取样器的限制，采集样品的量有限。

常见的被动取样法包括被动扩散袋取样法（passive diffusion bag sampling）、被动式直接取水法（passive grab sampling）和被动式吸附取样法（passive sorptive sampling）。

二、被动扩散袋取样法

被动扩散袋取样法是一种将取样袋放置在监测井中足够长时间，使得取样袋内外的物质浓度通过充分扩散达到一致的一种取样法。具体操作方法如下。

（1）在进行被动取样之前，必须准确记录取样井的位置、取样时间、日期、取样井编号、天气状况、取样人、取样法与设备、取样井井深与直径等信息。

（2）在进行被动取样前需要仔细检查监测井的内壁和外壁，确保井没有受到损害。检查井的内壁需要利用合适的光源，向井的纵深方向照射观察。井的检查结果需要登记在记录本上。

（3）在打开监测井后，第一时间利用 PID 检测井上部的空气中是否存在 VOC，以确保检测人员的人身安全。

（4）利用水位计测定井的水深，并记录结果。共进行两次水深的测定，以确保检测的准确性。两次测定的结果须小于 0.3 cm，否则需要再次测量井深。

（5）扩散袋的塞子位于取样袋底部。在进行被动扩散袋取样前，需要先将扩散袋倒置，将塞子打开，并用高纯水将扩散袋完全充满。在装填取样袋的过程中，可以利用漏斗等合适的工具，将高纯水倒入取样袋中。装填完毕后，将塞子紧紧地拧在取样袋上（取样袋顶部的小气泡可以忽略）。

（6）取样袋需要放在原先进行地下水取样时放置取样泵的位置上。在取样袋底部悬挂一个重物，然后握住取样袋顶部的连接线，将取样袋缓缓放入井内。

（7）当取样袋有多个时，取样袋之间用挂钩进行连接，在挂钩之间用连接线连接。只有最下面的取样袋需要连接重物。当重物接触监测井底部时，应该能够感觉到连接线的张力发生了变化。

（8）将取样袋静置在监测井中，静置时间的长短取决于数据的质量要求、检测对象的性质、井和取样器的尺寸及井内水流运动的状况等，一般至少两周，使取样袋内外的水质达到平衡。

（9）取样结束后，将取样袋从监测井内缓缓取出。将套在袋子外面的钩子滑动环向上移动，从袋子上方移出，从而分离取样袋。

（10）仔细检查取样袋表面是否有藻类、铁锈或者其他的包覆物，并检查袋子是否裂开。将检查结果记录在野外取样记录本上。若取样袋已经裂开，该样品应该被舍弃。若发现取样袋表面有包覆物，应该及时将该信息记录在记录本上，以便用于后续数据分析。

（11）在使用倾倒的方式采集样品时，将取样袋倒置，使得塞子朝上。将塞子从管嘴中拔出，将样品倒在样品瓶中以供分析。

（12）在使用 VOC 取样配件进行取样时，在取样袋接近底部的地方选择一个点，用小管径的连接管刺入取样袋直至将其刺穿，水就会从取样袋流入取样管。连接管另一端连接样品瓶，对流出的水进行收集。多次按压取样袋以进行水样收集。收集结束后，剩余的水样按照规定进行处置。

（13）水样取出后，用洗洁剂和高纯水对挂钩及重物进行洗涤，在下次取样前重新对取样袋进行装配。取样袋为一次性物品，在使用后需按照规定进行处置。

三、被动式直接取水法

被动式直接取水法是指将特定的容器放在井内的取样位置，在一定时间后直接将水样取走的办法。被动式直接取水法的取样设备又包括水力套筒取样器和小瓶取样器。具体操作方法如下。

（1）～（4）步与被动扩散袋取样法一致。

（5）水力套筒取样器包含水力套筒、底部悬挂的重物及顶部的系绳三部分；水力套筒是一个可伸缩、折叠的取样管，通常由聚乙烯制成，顶部有一个自封的弹簧阀，该阀仅在采集水样时打开。

（6）取样之前，将水力套筒取样器缓缓放入监测井中，直到套筒底部悬挂的重物接触到井底。以非常缓慢的速度（小于 0.15 m/s）将套筒抬升到指定的取样高度。另外一种方法是准确计算重物和取样袋之间连接线的长度，使得当重物接触监测井底部时，取样袋正好位于指定的取样高度。

（7）当有多个取样器时，取样器之间的连接、放置方法与被动扩散袋取样法步骤（7）类似。

（8）水力套筒在井中需要静置一段时间，以确保分析物质在井中的浓度恢复到取样前的水平。静置时间的长短取决于数据的质量要求、检测对象的性质、井和取样器的尺寸及井内水流运动的状况等。静置时间短则几小时，长则不少于 2 周。一般而言，当井的尺寸较大，而取样器的尺寸较小，并且在取样区域地下水具有较高的渗透系数时，静置时间可以缩短到 1～24 h。但当取样区域的地下水渗透性较差时，需要更多的静置时间。

（9）静置时间结束后，需要对样品进行采集。此时将水力套筒以大于 0.3 m/s 的速度往上提，直到套筒内被水充满。在采用这种办法时，需要监测井的筛管足够长，保证取样结束时套筒仍在筛管内。此时总的提升距离应该为套筒自身长度的 1～1.5 倍。当筛管长度较短时，可以在套筒上端连接一个重物，取样时将上端重物松开，利用重力压开套筒顶端弹簧阀，使得水流进入套筒内并将其充满。

（10）水力套筒从井内取出的方式同被动扩散袋取样法步骤（9）类似。

（11）将水力套筒内的水转移到容器中需要较为迅速，以减少水中 VOC 的损失。转移前首先挤压顶部下方的完整套筒，排出弹簧阀上方的水。然后将连接管插入水力套筒中，挤压套筒使水从连接管转移到取样瓶中，可以改变套筒底部的高度，或者挤压套筒来控制出水流量。

（12）水力套筒是一种一次性的取样器，仅悬挂重物及连接线可以被再次使用。任何在套筒内未使用的水样，以及清洗重物的废水都应该被合理处置。

（13）小瓶取样器是另一种被动式直接取样器，在取样时无须对其进行拉拽或摇动。小瓶取样器两端装有可移动的端口，在取样前始终保持打开的状态。当平衡时间足够长后，利用机械系统的作用或者电力传动装置将端口封上。一般小瓶取样器可直接用于实验室分析，而无须将其中的水样转移到另一个容器中。小瓶取样器包括取样瓶、护套及启动线三部分。

（14）通常情况下，对于 5 cm 内径的监测井而言，可采用 40 mL 的挥发性有机物玻璃分析瓶，或者采用 125 mL 的聚丙烯瓶进行取样。对于 10 cm 内径的监测井而言，可采用 350 mL 的聚丙烯瓶进行取样。一次取样过程中，在不同的高度最多可以放置 4 个取样瓶。

（15）在进行小瓶取样器的安装时，需要戴上一次性手套。首先将取样瓶插入护套内，并将两端的固定螺丝钉拧上；然后从底部孔内推到开口销，并搭上触发装置；最后在装置两端封上封盖，将取样瓶固定住。

（16）针对小瓶取样器而言，一般在水中需静置 2 周以上才能取样。但根据监测井附近水体流动状况，可适当缩短静置时间。

（17）当取样结束时，需要用力拉紧启动线，使得取样瓶达到密封的状态。对于安装了电动装置的取样器，需要利用电池的电能将取样瓶封上。

（18）在将取样瓶从井内取回后，有时会发现取样瓶内有少量气泡。较小的气泡（直径为 1～2 mm）一般不会对测定结果造成影响，因为里面密封的气体较少，并且 VOC 也不会从取样瓶中逸出。但当气泡的直径大于 5 mm 时，可能的原因是取样瓶没有密封好，因此该样品应该被舍弃。

（19）若暂时不需要分析小瓶取样器中的水质，则可以用隔膜帽将取样瓶两端封起来，也可以在其中加入少许抗氧化剂，以保存样品。

（20）使用过的小瓶取样器，若需要在同一个监测井中再次被使用，仅需要轻微洗涤从而除去瓶中的少许沉淀和污垢。但若该取样器需要应用到不同的监测井中，则需要将其进行拆卸，然后利用刷子等物品对其进行彻底的洗涤。

四、被动式吸附取样法

被动式吸附取样法是另一种被动取样法，其本质是在吸附柱外面包裹一层防水的但可透过气体分子的半透膜。水中的污染物根据亨利定律以气相的形式与吸附物质接触并被吸附。半透膜的性质决定了检测污染物的种类。被动式吸附取样法的优点是取样具有针对性，能检测特定种类的有机物，并且对样品进行分析时没有在瓶子中转移的过程，较适合测定地下水中的挥发性及半挥发性有机物。具体操作方法如下。

（1）～（4）步与被动扩散袋取样法一致。

（5）在利用被动式吸附取样法进行样品采集前及采集后，需要准确测定并记录地下水取样点的水温，并且明确取样深度。

（6）吸附取样管包括吸附段、重物及连接线三部分。重物用来将吸附段带到井中的指定位置，其直接与吸附段相连。

（7）取样前吸附柱及外包的半透膜均由一个玻璃管保存，取样开始后将吸附管取出后尽快放入地下水中进行吸附取样。取样结束后也需要尽快将吸附管装回玻璃管中，以免吸附管被污染。

（8）用于取样的吸附段需要安置在连接线的特定位置，使其正好位于监测井的取样范围内，并且吸附段的长度至少为 15 cm。

（9）吸附段暴露在地下水中的时间取决于地下水中污染物的性质和浓度，一般的取样时间为 15 min 到 4 h，该时间对于大部分有机物的检测和计算而言是足够的。长时间的取样会导致吸附柱吸附饱和，从而使计算结果偏低。另外，对于微量有机物的检测，则需要较长的取样时间。

（10）吸附柱从井内取出的方式同被动扩散袋取样法步骤（9）类似。

（11）在将吸附柱从监测井中取上来以后，用干净的纸巾将吸附管表面的水珠擦干，并记录取出的时间、编号及可能存在的状况（包括表面受到的污染、气味等）。

（12）吸附的有机物的解吸可以采用水、有机溶剂或者热解吸的方式进行。吸附有机溶剂的吸附柱无须额外的解吸过程，但需要对其进行洗涤后方可进行分析。

（13）在进行最终地下水中污染物浓度的计算时，需要考虑到温度和气压对吸附量的影响，引入校正系数。

第七节　贝勒管取样法

一、贝勒管取样法概述

贝勒管是早期的地下水取样设备，形状为一根中空的圆柱形容器。在进行地下水取样时，操作人员直接将贝勒管放入地下水监测井中，并通过绳索拉住贝勒管。当贝勒管进入地下水液面以下时，其底部的球形止回阀会关闭，从而获取监测井内的地下水样品。贝勒管是可以回收的，也可以是一次性的，通常其由聚乙烯、聚氯乙烯、氟化乙丙烯或者不锈钢制成。

贝勒管取样的优点：取样设备较为简单，价格便宜。除此之外，贝勒管还能够伸至井内的任何深度，但抽提泵往往对放置井内的深度有一定的要求。在某些地区，在采用泵抽式抽水后可能存在井内水位恢复较慢的问题，此时采用贝勒管抽水能获得较好的取样效率。对于那些含有 NAPL 的含水层，较适合采用贝勒管取样，可以采集到 NAPL，便于估计监测井内 NAPL 的厚度。

贝勒管取样的缺点：在取样的过程中会向监测井内引入空气，这会导致水样内 VOC 的挥发。另外，放入贝勒管以及井内水体进入贝勒管的过程中，可能会增加井内水体的浊度；同时，如果采集的地下水样品中有较高浓度的沉积物，则可能影响贝勒管中球形止回阀的正常工作。如果直接采用贝勒管采集水样，则容易取到套管中停滞的地下水。这些水不具有代表性，需要多次使用贝勒管，弃去多管地下水才能采集到具有代表性的水样。

二、取样过程

对于贝勒管取样法，取样前的准备工作、清洁与消毒、储存和运输与低流量取样法相同。洗井和取样过程与低流量取样法有所差异，贝勒管取样法的洗井和取样步骤如下。

（一）洗井

样品采集前，应按照以下步骤进行取样洗井。

（1）将贝勒管缓慢放入井内，直至完全浸入水体中，之后缓慢、匀速地提出井管。

（2）将贝勒管中的水样倒入水桶，估算洗井水量，直至达到 3 倍井体积的水量。

（3）在现场使用便携式水质测定仪，每间隔 5～15 min 测定出水水质，直到至少 3 项检测指标连续 3 次测定的变化达到表 2-6 中的稳定标准；如果洗井水量在 3～5 倍井体积之间，水质指标不能达到稳定标准，则应继续洗井；如果洗井水量达到 5 倍井体积后水质指标仍不能达到稳定标准，则可结束洗井，并根据地下水含水层特性、监测井建造过程以及建井材料性状等实际情况判断是否进行样品采集。

表 2-6 监测指标

监测指标	稳定标准
pH	±0.1 以内
温度	±0.5℃ 以内
电导率	±10% 以内
氧化还原电位	±10 mV 以内，或在 ±10% 以内
溶解氧	±0.3 mg/L 以内，或在 ±10% 以内
浊度	≤10 NTU，或在 ±10% 以内

（二）取样

水质指标稳定后，开始采集样品，应符合以下要求。

（1）地下水样品采集应在 2 h 内完成，优先采集用于测定挥发性有机物的地下水样品。

（2）将用于取样和洗井的同一贝勒管，缓慢、匀速地放入筛管附近位置，待充满水后，将贝勒管缓慢、匀速地提出井管，避免碰触管壁。

（3）应采集贝勒管内的中段水样，使用流速调节阀使水样缓慢流入地下水样品瓶中，避免冲击产生气泡，一般不超过 100 mL/min；当水样在地下水样品瓶中过量溢出，形成凸面时，拧紧瓶盖，颠倒地下水样品瓶，观察数秒，确保瓶内无气泡，如有气泡应重新取样。

第八节 取样过程中的注意事项

一、洗井

（1）利用含水层中非常少量的水作为代表性样本（如监测井中的水样）来识别地下水污染羽，其前提是要求对监测井充分清洗来排除杂质的影响。洗井的目的在于在取样之前以适当流速抽取并置换监测井中滞留的地下水，以获得具有代表性的地下水样品。

（2）建井完成后需尽快开展成井洗井工作，直至水清砂净。洗井过程中不应向地下水监测井中注入液体。

（3）成井洗井可采用贝勒管、泵抽提等方式，应防止成井洗井过程造成地下水污染羽扩散。

（4）取样前应对监测井进行洗井，满足一定条件后才能进行样品采集。

（5）洗井设备应具有化学钝性，不可影响水质，不能引起地下水浊度增加。

（6）洗井时应避免洗井过量，防止引起过大的水位下降，使得其他区域的水流向监测井，此时监测井中的水不代表监测井位置的水样。

（7）由于浊度对水质影响较大，因此洗井前应先确认监测井中的沉积物厚度必须是少于筛管长度的 1%或者 30 mm 两者中较低者。

（8）长时间洗井后溶解氧、pH、电导率、氧化还原电位及浊度依然无法满足低流量取样法的要求时（如洗井体积已达到井管的 3～5 倍体积），也可结束洗井。

（9）使用贝勒管洗井时，应缓慢上升或下降，否则会造成浊度增加，影响水质监测。当采用抽水泵洗井时，抽水速度过大同样会造成浊度增加以及气提等作用的干扰。以 5 cm 内径的监测井为例，抽水速率应维持在 3.8 L/min 以下，最好可以在 500 mL/min 左右。

（10）当抽水泵洗井与取样时，抽水的位置为筛管中间部位（当水位高于筛管顶部时）、井内水位的中点（当水位低于筛管顶部时），或者改用贝勒管（当井内水位较低时）。用贝勒管洗井时，抽水位置为井管底部。

（11）在低渗透性地层中，由于地下水补充较慢，如果筛管位于地下水水位以下，建议在略高于筛管顶部抽水，以避免滤层和该深度含水层暴露于孔隙内的大气中。

（12）建议在井水补充充足的条件下，取样和洗井以低流量抽水泵进行。尤其当目标污染物对于浊度较为敏感时，低流量取样较贝勒管更为适用。

（13）低流量洗井和取样时地下水流速大致相同，常合并称为低流量洗井与取样。

（14）对于重金属、疏水性化合物来说，低流量取样法更为适用。但对于 NAPL 来说，低流量取样法不一定适用。

（15）低流量取样法需要使用可调整抽水速率的抽水泵，并能将抽水速率稳定控制在 100～500 mL/min。

（16）洗井流速应根据监测井的水文地质条件经过现场测试确定。测试过程中设定抽水速率从最小流量开始。可将洗井流速设定为 0.1 L/min，每隔 2 min 读取地下水水位，根据地下水水位下降程度（不应大于 10 cm）逐步增大洗井流速，但建议不超过 0.5 L/min，当地层渗透性较好时可进一步逐渐增大洗井流速，但水位下降不应大于 10 cm。

（17）洗井时，如果确认有可能污染，不能任意处置洗井水或将其与其他液体混合。必须将抽出的水收集于容器内，待水样检测结果出来后再决定处理方式。

二、取样

（1）取样前应正确按照相应方法步骤进行洗井。

（2）取样应在洗井后 2 h 内进行，如果监测井位于低渗透性地层，洗井后，待新鲜水回补，应尽快在井底取样，较具有代表性。

（3）使用低流量取样法在洗井完成或水质参数稳定后，应在不对井内做任何扰动或改变位置的情形下，维持原来洗井的低流速，直接以样品瓶接取水样。

（4）如果不能固定取样设备而必须使用抽水泵轮流在各个监测井中取样，则抽水泵放入监测井的速度应越慢越好，避免引起套管和筛管的水相互混合，造成水样代表性的不确定性。在开始取样前静置在井中的时间越长越好，以降低浊度和有机物的挥发。取样管线的管壁厚度越厚越好、管线长度越短越好，以降低有机物通过管壁扩散挥发的量，且加快水质参数稳定的速度。

（5）洗井时，如果以 0.1～0.5 L/min 速率抽水，水位下降深度超过 1/8 倍筛管长，则应由建井钻探时的岩心取样记录判断该含水层是否为低渗透性地层。如果属于低渗透性地层，则将抽水泵放置于井管底部附近，以较大抽水速率将井内积水抽出，待水位回升后采集新鲜水样。如果不是低渗透性含水层，则可能筛管产生阻塞，需进行完洗井作业后再重新取样。

（6）当水位回升速度太慢而无法使用抽水泵，且井中水深也较低时（<1.5 m），可用双浮球贝勒管进行取样。除此之外，贝勒管不可用来进行挥发性有机物的取样。

（7）用贝勒管取样，其出水口应配置控制流速的调节阀，使水样经由该调节阀转移至样品瓶内。

（8）对于位于低渗透性地层中的监测井，地下水水位位于筛管中，则可能无法避免洗井时水被抽干的情况，此时应在洗井后 2 h 之内，当一定体积的水流至筛管内或者至少当井中水位恢复至 90% 时尽快取样。这种情况下，抽水泵和取样管本身的容积可能比可采得的水样体积还大，因此可以用底部附流速调节阀的双浮球贝勒管取样。

（9）由于污染物的特性和水文地质的因素可能会导致污染物的浓度与在含水层和监测井中的深度有关，因此必须考虑取样深度以及监测井内抽水泵取水口的位置。最佳的方式是将抽水泵的取水口安放在筛管中污染物浓度最高的深度位置。

（10）采用柴油发电机作为抽水泵的动力供应设备，应将柴油机放置于远离监测井的下风向。

（11）考虑待测污染物的挥发性和敏感度，应按以下顺序进行样品采集：①挥发性有机物；②溶解性气体；③半挥发性有机物；④金属及氰化物；⑤主要离子。

三、质量保证与质量控制

（一）质量保证

土壤和地下水取样过程的质量保证应符合《建设用地土壤污染状况调查技术导则》（HJ 25.1—2009）、《建设用地土壤污染风险管控和修复监测技术导则》（HJ 25.2—2009）、《地下水环境监测技术规范》（HJ 164—2020）和《土壤环境监测技术规范》（HJ/T 166—2004）中的相关要求。

（二）质量控制

（1）地下水平行样的采集需要执行相关水质环境监测分析方法标准的规定。

（2）每批次地下水样品均应采集 1 个全程序空白样。取样前在实验室将两次蒸馏水或通过纯水设备制备的水作为空白试剂，放入 40 mL 地下水样品瓶中密封，将其带到现场。与取样的样品瓶同时开盖和密封，随样品运回实验室。按与样品相同的分析步骤进行处理和测定，用于检查样品采集到分析全过程是否受到污染。

四、废物处置

地下水取样过程中产生的洗井及设备清洗废水应使用固定容器进行收集，不允许任意排放，应执行《污水综合排放标准》（GB 8978—1996）中的相关规定或委托有资质的单位进行处理。

五、健康防护

取样过程中，现场取样人员应按要求佩戴防护器具，减少挥发性有机物的吸入和摄入，并避免皮肤与污染土壤和地下水的直接接触。

六、非水相液体的样品采集

在存在非水相液体（NAPL）的情况下样品采集需要注意以下事项。

（1）轻非水相液体（LNAPL）和重非水相液体（DNAPL）区域均被确认为地下水的长期污染源。检测并采集监测井中的 NAPL 样品，需要特定的设备和程序。

（2）LNAPL 难溶于水且比水密度低，常位于地下水水位面以上的毛细带的孔隙层。如果存在 LNAPL，则监测时筛管必须与地下水水位面交会才可能监测到液相的 LNAPL。此外，在承压含水层中，这些物质常存在于含水层上边界以及紧邻的上方隔水层中。

（3）井中浮油厚度也可以用油水界面仪或透明的聚四氟乙烯贝勒管测定。

（4）当监测井中有浮油时，进行洗井前应先用贝勒管采集浮油样品，取样时用底部开口的贝勒管，且使贝勒管底部刚好穿过浮油层而不应进入地下水太深。

（5）在 DNAPL 取样时，因 DNAPL 难溶于水且密度比水高，可能会穿过非饱和层和含水层向下迁移。在迁移过程中可能有液相停留在非饱和层或含水层中的低透水性土壤透镜体上方或含水层的底部。洗井前应先测量监测井中 DNAPL 的厚度。使用油水界面仪测定 DNAPL 表面和监测井底部的深度，其差值为监测井中 DNAPL 的厚度。在取样前，应先以双浮球贝勒管对监测井底部的 DNAPL 进行取样。

（6）以上取样活动应在吸油垫子或衬垫上完成，以吸附不小心溢出到地上的 NAPL。

参 考 文 献

[1]Waterwatch Australia Steering Committee. Waterwatch Australia National Technical Manual. Canberra, Australia: Canberra ACT, 2002.

[2]Taylor C J, Alley W M. Groundwater level monitoring and the importance of long-term water-level data, USGS Circular 1217. Denver: US Geological Survey, 2001: 68.

[3]Timms W, Badenhop A, Rayner D, et al. Groundwater monitoring, evaluation and grower survey, Namoi catchment. 2010 Australian Cotton Conference, 2010.

[4]Sundaram B, Feitz A, de Caritat P, et al. Groundwater sampling and analysis–a field guide. Geoscience Australia, 2009, 27(95): 104.

第三章　低流量取样法与三倍体积取样法的对比

第一节　研究背景介绍

在地下水取样的过程中，有两种常见的取样法，分别是低流量取样法（low-flow sampling）和三倍体积取样法（three well-volume sampling）[1, 2]。在低流量取样的过程中，通过探头可以实时监测地下水中不同的水质指标（如 pH、温度、浊度、溶解氧、电导率和氧化还原电位）。如果监测到的地下水水质指标连续3 个读数达到稳定，则可以认为此时抽取的地下水具有代表性[3]。低流量取样法具有很大的优势，因为它减少了取样过程中对水体的扰动，减少了取样过程中废水的产生量。同时，也减少了采集每个地下水样品所需要付出的人工劳动。因此，低流量取样法通常受到取样人员的钟爱，也被一些标准所推荐[2]。虽然低流量取样法最初只能采集一小段深度内的地下水[2]，但它逐渐被证明可以用在一些其他的情形中[4]。当低流量取样法并不适用时，取样人员通常采用三倍体积取样法，即在采集地下水样品前必须至少抽提出 3 倍井管体积的水样，才能认为采集的水样具有代表性。这种取样法在技术上是粗糙的，且由于取样时间长，产生的抽提废水量较大，因此成本较高。

低流量取样法具有很大的挑战性，因为在很多指南中，对该方法具体操作中的步骤有很多不确定的地方，一般是根据定性指标或者经验证据来进行确定。例如，美国国家环境保护局推荐在采用低流量抽水时，井内的水头降深需要小于 0.1 m[2]。然而，这个要求在实际取样中通常无法得到满足，美国国家环境保护局也承认这个要求通常由于土壤在筛管处的异质性而无法得到满足。因此，美国国家环境保护局建议"根据场地的实际情况和个人经验"来对抽水的过程进行灵活调整。目前还没有科学指导地下水取样的代表性文件和导则，这给建造和使用地下水监测井与检查地下水监测数据带来了很大的挑战。一些研究者通过构建模型来模拟在地下水取样过程中地下水的流场情况[5-8]。例如，Varljen 等[8]构建了一个模型，该模型可以计算当抽提过程达到稳定状态下，流入筛管的流量在筛管不同高度的分布。该研究发现土壤的异质性对地下水取样时的流量影响最大，但泵的放置位置和抽提流量对筛管不同位置的地下水流量分布基本无影响。McMillan 等[5]发现当采用低流量取样法时，抽提流量不一定可以克服由于地下水流动带来的水力梯度。虽然这些研究为解释地下水取样数据提供了很有力的理论依据，但这些研究给现场地下水取样工作带来的帮助很小。

　　本章通过构建一个数学模型，模拟在采用低流量取样法及三倍体积取样法时地下水水流的流动情况。该模型由于结合了土壤中地下水的流动方程和井内物质运动的一维对流-扩散方程，因此具有其独特的优势。同时，该模型也考虑了抽提水在取样管中的流动，以及在流动小室中的混合情况。此外，该模型结合了场地实验，通过记录在进行地下水取样时两口监测井的水头及常规指标的变化，以此验证模型的准确性与合理性。该数学模型可以在以下几个方面优化地下水取样策略：①不同的取样方式对取样过程中地下水水头降深及地下水的代表性有哪些影响；②抽提过程中，哪个测定指标最能指示抽提出的地下水具有代表性；③场地的哪些特性（如土壤的渗透性、地下水的埋深等）会影响取样的过程，如何针对不同的场地特性调整取样策略；④哪些取样参数（如抽提流量、井的半径、筛管长度）会影响取样过程，最优的取样策略是什么。

第二节　研究方法概述

一、两种取水方法的概念模型

　　目前常见的地下水取样法主要有低流量取样法和三倍体积取样法。然而，在实际情况中，人们对于某一场地，往往无法判断应该采用哪种取样法较为合适，而是人为做出一些决断。这样的决断往往基于过往的经验，而非科学的依据。

　　为了比较某一特定的场地中采用两种取样法的优劣性，本章采用数学建模的方法来计算抽水的不同时刻，抽出的水中具有代表性水样所占的比例。在模型中，针对三倍体积取样法，模型认为该取样是将潜水泵放入地下水中并将地下水抽提出来。抽水泵将井中的水通过取样管抽入位于地面上的流动小室中，且在流动小室中装入了多参数水质探头，可以同时测量多个水质参数，包括溶解氧、pH、电导率、温度、氧化还原电位和浊度。针对低流量取样法，模型认为是通过位于地面上的蠕动泵将水抽上来进行取样，只有取样管插入了井中。三倍体积取样法和低流量取样法的示意图如图 3-1 所示。

　　实际抽水时，抽出的水主要包括四部分：套管水、筛管水、来自取样管内的水和来自土壤含水层的水。通常情况下，套管水被认为是不具有代表性的，因为套管水位于井水的表层，其容易和大气发生物质交换，且污染物在井内通常有一个垂向的浓度分布[9-11]。来自土壤含水层的水是具有代表性的。关于筛管水是否具有代表性的问题，目前仍然没有一个统一的结论。当采用低流量取样法时，只有取样管放入了井内，其对井内水的扰动很小，因此仍然可以认为筛管水是具有代表性的。然而，当采用三倍体积取样法时，我们将潜水泵放入抽提井的过程，以及潜水泵抽水时对水体的剧烈扰动均会导致水在井内的强烈混合，因此在该情况下筛管水被认为是不具有代表性的。

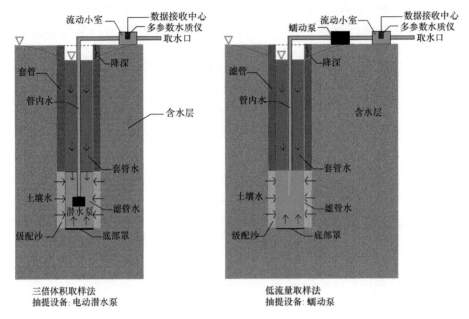

图 3-1　三倍体积取样法和低流量取样法示意图

二、地下水流动控制方程

地下水流动控制方程如式（3-1）所示，该方程是基于质量守恒和达西定律来构建的。

$$\frac{\partial}{\partial x}\left(K_x \frac{\partial H}{\partial x}\right) + \frac{\partial}{\partial y}\left(K_y \frac{\partial H}{\partial y}\right) + \frac{\partial}{\partial z}\left(K_z \frac{\partial H}{\partial z}\right) + W = S_s \frac{\partial H}{\partial t} \tag{3-1}$$

式中，K_x、K_y 是水平方向上 x 和 y 方向的地下水渗透系数（m/s）；K_z 是垂直方向上的地下水渗透系数（m/s）；H 是地下水的总水头（m）；S_s 是地下水的弹性储水系数（m^{-1}）；W 是每个网格的源汇项（s^{-1}）；t 为时间（s）。在本模型中，在地下水抽水的网格中具有源汇项，而在其余网格内均不具有源汇项，因此源汇项可以表达为如下形式：

$$W = \begin{cases} -\dfrac{Q}{V_{\text{pump}}}, & \text{在抽水网格中} \\ 0, & \text{在其他网格中} \end{cases} \tag{3-2}$$

式中，Q 指地下水的抽提流量（m^3/s）；V_{pump} 指抽提网格具有的总体积（m^3）。在本模型中，式（3-1）被用于所有的网格，包括井内的网格。井内的网格虽然被处理成普通的网格，但是其具有很高的地下水渗透系数，这样的设置保证了井内的网格具有相同的水头。式（3-2）假设有一根取样管插入了抽水井的筛管中。在抽水过程中，在抽提位置下方网格的水向上流动，而在抽提位置上方网格的水流向下流动。在本模型中，式（3-1）和式（3-2）是通过有限差分法进行求解的。

三、模型空间网格划分和参数确定

在该模型中，将假想的研究域在水平方向上划分为 65 行、65 列，在垂直方向上划分为 25 行，共有 105 625 个网格。在水平方向上，各个网格的长短是不等间距的，其中最小的网格尺寸与井的直径相同，最大的网格尺寸达到了 5 m。在垂直方向上，各个网格的长短同样是不等间距的，其中在套管内和筛管内各分了相同长度的 10 个网格，每个网格的长度均为套管或者筛管总长度的 1/10。在使用模型进行模拟之前，对于模型总尺寸对计算结果的影响进行了探索，比较了模型尺寸为 130.9 m×130.9 m×25.5 m 的计算结果和模型尺寸为 830.9 m×830.9 m×25.5 m 的计算结果。对比发现，两个模型关于井内地下水水头降深的计算结果是一致的，表明模型的研究域已经拓展到了井外足够宽的距离，边界条件对井附近的水体流动基本不会产生影响。因此，130.9 m×130.9 m×25.5 m 的模型尺寸最终被用来进行模型计算。在不同情形下，模型计算的参数列表如表 3-1 所示。在默认情形中，筛管的长度为 3 m，且筛管顶部距地表的距离为 15 m。

表 3-1　模型中关于抽提井和土壤的参数列表

参数	模型验证部分		模型应用部分	
	井 A	井 B	默认情形	参数变化范围
井的深度（m）	33.53	34.44	18	5～40
井的直径（m）	0.10	0.05	0.05	0.05～0.15
筛管长度（m）	4.57	0.61	3	0.6～6
横向地下水渗透系数（m/d）	0.16	30	0.5	0.005～5
泵放置的位置	见表 3-2	见表 3-2	筛管中部	筛管下部至筛管上部
地下水抽提流量（L/min）	见表 3-2	见表 3-2	3（三倍体积取样法）或 0.3（低流量取样法）	3～9（三倍体积取样法）或 0.1～0.6（低流量取样法）
地下水弹性储水系数（m^{-1}）	10^{-5}	$5×10^{-4}$～10^{-3}	10^{-4}	10^{-4}
地下水给水度	0.2	0.25	0.1	0.1
模型总体尺寸	130.9 m×130.9 m×47.0 m	130.9 m×130.9 m×50.1 m	130.9 m×130.9 m×25.5 m	130.9 m×130.9 m×25.5 m
地下水水力梯度（m/m）			0.002	
土壤各向异性比（K_{zz}/K_{xx}）			1：10	
井内液相扩散系数 D_A（m^2/s）			$2×10^{-6}$	

在本模型中，左侧和右侧边界均设置为给定水头边界，两者有一定的差距，从而保证地下水流动存在一定的水力梯度。除了这两个边界外，其余边界均设置为无通量边界。模型灵敏度分析的结果表明，将地下水水力梯度从 0 增加到 0.005 对地下水取样过程中水头的降深及筛管不同位置流入的地下水流量没有影响。因此，模型中最终将地下水水力梯度设定为 0.002，该数值也是实际场地中较为常见的水力梯度[8, 12]。另外，抽水过程中水头降深会导致部分土壤从饱和区转变为非饱和区，这种效应在某些土壤降深较大的区域对取样具有较大的影响。在本模型中，这种影响被忽略了。因为在本模型中，在大部分情况下土壤降深相比含水层厚度而言是一个较小的数值，且模型的上边界被设置为无通量边界。

在抽提井内，抽提井被分割成一串垂向排列的网格。抽提泵可以放置在这些网格中的任意一个，并以加入源汇项来表示抽提泵的抽水作用。在抽提井内，网格之间的地下水渗透系数需要足够大，从而确保井内每个网格具有相同的水头。在前期的参数灵敏度分析中，将土壤的横向渗透系数设为 0.5 m/d，通过改变井内地下水的渗透系数来研究该参数对井内各网格水头的影响。结果表明，井内网格的垂向渗透系数至少为 10^8 m/d，才能保证井内的各个网格具有近似相同的水头，此时各个网格的水头差异小于 10^{-6} m。因此，井内网格的垂向渗透系数在后续的计算过程中均取 10^8 m/d。在井的底部，由于存在底部罩，因此该位置的垂向渗透系数为 0。在模型中，假设在筛管外具有一圈石英砂，该石英砂的厚度等同于取样管的直径，且假设其具有相对较大的渗透系数（10 m/d）。抽提井内套管是通过水泥灌浆密封而成的，由于其基本不透水，在模型中认为其渗透系数为 0。

在模型的验证部分（本章第三节前两部分），通过调整地下水的渗透系数，对抽水过程中井内水头的降深进行拟合。另外，由于土壤分层，土壤的渗透系数经常表现出各向异性。在本模型中，垂直和水平方向的土壤的渗透系数比为 1 : 10（表 3-1）。土壤的弹性储水系数通常是由土壤性质决定的[13]，通常为 10^{-5} ~ 10^{-3} m^{-1}。在井内，由于不存在土壤，因此土壤的给水度为 1，每个网格的弹性储水系数可以通过式（3-3）进行计算。

$$S_{S,k} = \frac{1}{nZ_k} \tag{3-3}$$

式中，n 是井内垂向网格总数（个）；Z_k 是编号为 k 的网格的垂向高度（m）；$S_{S,k}$ 是编号为 k 的网格的弹性储水系数（m^{-1}）。

四、井内水流模拟

由于抽提井的直径相比研究区域的尺寸是非常小的，因此假设在抽提过程中井内的水流为无黏流，且在井内水流为推流[14]。在抽提开始以后，来自土壤含水层中的水与抽提前在井内的水发生混合。对于井内的垂向流速而言，在筛管内，越靠近取样管放置的位置，水的垂向流速就越大。关于井内物质的流动，可以用下面的方程式加以描述。

$$D_A \frac{\partial^2 C}{\partial z^2} - \frac{\partial(UC)}{\partial z} + WC + \frac{Q_{\text{screen},k}}{V_{\text{screen},k}} C_{\text{aquifer}} = \frac{\partial C}{\partial t} \tag{3-4}$$

式中，D_A 是物质在井内的扩散系数（m²/s）；C 是物质在水中的浓度（mol/m³）；U 是水流在井内垂向流动的速度（m/s）；$V_{\text{screen},k}$ 是某个位于筛管的网格的体积（m³）；C_{aquifer} 是物质在土壤含水层中的浓度（mol/m³）；$Q_{\text{screen},k}$ 是水从含水层流入筛管的流量（m³/s）。在式（3-4）中，物质在井内的扩散系数 D_A 是一个影响物质在井内浓度的关键参数。之前的研究表明，当采用低流量取样法时，土壤含水层中的水流入筛管中的速度较慢，在井内水流的混合速度也较慢，因此导致井内的扩散系数 D_A 也较小，一般为 $2×10^{-9}$～$2×10^{-6}$ m²/s[6, 15]。然而，当采用三倍体积取样法时，需要在井内安装并且使用潜水泵。因此，物质在井内的扩散系数和潜水泵在抽水过程中的性状紧密相关，且目前研究潜水泵抽水时井内物质的垂向扩散系数的资料极少。为了简化计算，在本模型研究的过程中，无论是低流量抽水的情况还是三倍体积取样法的情况，在抽提过程中井内物质的扩散系数均取 $2×10^{-6}$ m²/s。

关于套管内水流的垂向流动速度可以采用如下公式进行计算。

$$U_{\text{casing}} = \frac{\partial H_{\text{well}}}{\partial t} \tag{3-5}$$

式中，U_{casing} 是套管内水流的垂向速度（m/s）；H_{well} 是时间为 t 时井内水体的水头（m）。式（3-5）表明在抽提的过程中井内水体仅发生了整体的垂向移动，其内部保持了相对静止的状态，这一点也被一些其他的实验所证实[16]。

在井内，水流的垂向流速随着与抽提泵（或者取样管口）之间距离的减小而增加，这是由于在筛管的不同位置均有水流从土壤含水层流入筛管。水流从土壤流入抽提井的流速可以用如下公式加以描绘。

$$Q_{\text{screen},k} = 4X_k Z_k K_x^* \left.\frac{\partial H}{\partial x}\right|_{x=x_s} = 8X_k Z_k K_{\text{sandpack}} \left.\frac{\partial H}{\partial x}\right|_{x=x_s} \tag{3-6}$$

式中，$Q_{\text{screen},k}$ 是编号为 k 的网格中水流从土壤含水层流入抽提井的流量（m³/s）；X_k 是该网格的横向长度（m）；K_x^* 是井壁土壤的横向水力渗透系数（m/d）；K_{sandpack} 是筛管附近级配沙的渗透系数（m/d），$K_x^*=2K_{\text{sandpack}}$；$\left.\dfrac{\partial H}{\partial x}\right|_{x=x_s}$ 是井壁上地下水的水力梯度（m/m）。式（3-6）为式（3-4）提供了在井的筛管中的边界条件。

五、关于取样管、抽提泵和流动小室的模拟

在抽提的过程中，通过位于流动小室的多参数水质仪，可以同时在取样前连续测定抽出水中的溶解氧、温度、pH、电导率、浊度和氧化还原电位 6 项指标。当抽提泵或者取样管放入监测井（通常位于筛管中或者套管下方）后，井内的水会流入取样管中，从而保证取样管内外的水位保持一致。当抽提开始且流动小室被水充满后，多参数水质仪开始连续测定抽出水中的各项水质指标。通常情况下，流动小室的体积为 0.5 L，且可以认为水在流动小室中处于完全混合的状态。式（3-7）可以描述流入和流出流动小室的物质的浓度变化情况。

$$\frac{\mathrm{d}C_{\mathrm{mix}}}{\mathrm{d}t} = \frac{Q}{V_{\mathrm{chamber}}}(C_{\mathrm{in}} - C_{\mathrm{mix}}) \tag{3-7}$$

式中，V_{chamber} 是流动小室的体积（m^3）；C_{in} 是物质在井内抽提处的浓度（$\mathrm{mol/m}^3$）；C_{mix} 是物质在流动小室中的平均浓度（$\mathrm{mol/m}^3$）。探头直接与流动小室相连，因此探头的读数就是 C_{mix}。

位于井内的水在被收集和取样前必须流经取样管。在抽提开始时，取样管内外的水位是一致的。在低流量抽水时，取样管的直径一般是 0.64 cm，而在三倍体积抽水时，取样管的直径一般为 1.5 cm。由于大部分取样管内的水来自套管，因此在抽提前，取样管内的水也被认为是不具有代表性的。在模型中，同样认为取样管中的水在抽提前处于相对静止状态，并没有和井内的水体发生物质交换。

当采用三倍体积取样法时，电动潜水泵需要事先放入抽提井内。一般的潜水泵具有较大的直径（如 4.6 cm），因此放入潜水泵的过程本身也会导致井内水体的剧烈混合[17]。然而，在低流量取样过程中，一般采用蠕动泵进行抽水，且只有取样管放入了抽提井中，而放入取样管的过程对水体的扰动相对较小。为了简化处理，当模拟溶解氧在抽提过程中的变化情况时，位于抽提泵或者取样管上方的水体均被认为是"脏水"，其不具有代表性，且有一个相对较高的溶解氧浓度。位于抽提泵或者取样管下方的水体，以及位于土壤含水层中的水体是"干净"的，具有代表性，且溶解氧浓度相对较低。

六、场地实验

在场地实验中，选择了两个位于美国旧金山湾区具有代表性的抽提井，分别为 A 和 B。井的相关参数和土壤性质相关参数均列于表 3-1 中。两个抽提井具有相近的深度，均为 34 m 左右，而井 A 的筛管长度要远远大于井 B。两口井的筛管均采用 PVC 材质制作而成，其中具有狭缝，且两口井的筛管外均有与筛管长度相同的级配沙。在级配沙上，采用膨润土对井管进行密封。两口井的弹性储水系

数和给水度均由井附近土壤的岩性描述来加以确定[13, 18]。两口井附近土壤的渗透系数通过抽水实验时井内的水头变化加以拟合。由于抽提过程中可能存在抽提流量的误差，因此对抽提流量也进行了适当的调整，从而使得拟合结果更好。

在不同的抽提流量、不同的抽提泵（取样管）放置位置、不同的抽提季节条件下，井 A 和井 B 分别进行了 4 次和 3 次抽提实验，分别编号为实验 1～7（表 3-2）。从表 3-2 中可以看出，当采用三倍体积取样法时，抽提泵放置的位置在套管中或者在筛管中。当采用低流量取样法时，无论在前期抽水还是在取样阶段抽水，取样管末端放置的位置均在筛管中[2]。在每次进行抽水实验时，通过多参数水质仪连续监测 6 个水质指标（包括溶解氧、pH、电导率、温度、氧化还原电位和浊度）。其中溶解氧作为目标指标，利用模型计算了抽水过程中溶解氧的变化，并和实测结果进行对比。溶解氧的初始值和背景值通过最初的溶解氧浓度和抽水达到稳定后的溶解氧浓度进行估算。

表 3-2　井 A 和井 B 的抽水实验参数汇总表

抽水井编号	实验编号	抽水流量（L/min）	泵放置位置离筛管上端距离（m）	初始水位埋深（m）	实验季节
A	1	5.66	−0.55[*]	0.69	2 月
	2	6.89	−0.61[*]	0.37	2 月
	3	8.98	2.18	0.61	2 月
	4	6.10	−0.55[*]	0.81	9 月
B	5	0.36	0.30	0.84	2 月
	6	0.15	0.30	1.12	8 月
	7	0.12	0.30	1.25	9 月

*该数值为负数，表明抽提泵放置在套管中

第三节　模型计算结果与讨论

一、抽提过程中水头降深和地下水取样代表性的变化

图 3-2 为采用三倍体积取样法和采用低流量取样法进行抽水实验时模拟及实测的井内水头降深的对比图。结果表明，当采用三倍体积取样法时，该抽水模型能很好地拟合抽水过程中水头的变化情况。然而，当采用低流量取样法时，模型计算的水头降深和实测的水头降深之间存在一定的误差。当采用低流量取样法时，抽水流量较小，同时水头降深也较小，导致测量水头降深时存在一定的误差，同时外界环境的影响也会导致一些误差的产生。图 3-2a 表明井内的水头降深在较长的时间内出现了一个持续增长的过程，在抽水过程开始后的 50 min 内仍然持续增加。作为对比，图 3-2b 表明地下水水头降深在抽水过程刚开始的几分钟内快速上

升，然后就保持在了一个稳定的数值上。这是因为在井 B 所处的位置上，地下水具有一个较好的渗透性，其横向渗透系数达 30 m/d，较大的渗透系数导致在采用低流量抽水时井内水头稳定的速度很快。然而，对于一个渗透性相对较差的地层来说，进行地下水抽提实验时井内的水头较难达到稳定状态。

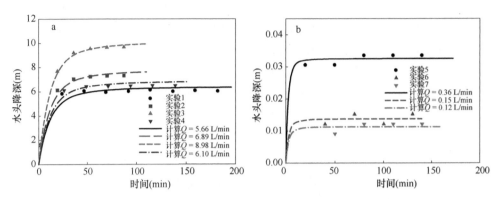

图 3-2　抽水实验中井 A 和井 B 的实测与计算的水头对比
a. 四组三倍体积取样法实验；b. 三组低流量取样法实验

图 3-3 展示了通过数学模型计算的井 A 和井 B 抽出的水中来自各个部分的比例情况，该图也说明了抽出的水中具有代表性水样所占据的比例。表 3-2 中的实验 1 和实验 5 被选作实验条件来说明两种抽水方式在获取代表性水样过程中的差异性。结果表明，当采用三倍体积取样法获取代表性水样时，取样管内的水在 2 min 内被迅速抽走，因此取样管内的水在三倍体积取样法中产生的影响是很小的。在抽走取样管内水之后，接下来抽取的水分别为套管水、筛管水和土壤水。筛管水在抽取水中所占的比例从最初的 0 逐渐增加到抽取 14.4 min 后的 28%，然后再逐渐减小至 0。抽提出的水中来自土壤中的水所占的比例从最初的 0 逐渐增加，至抽提持续 77.2 min 后该比例上升到 97%。对比在井 A 中进行的三倍体积抽水实验（图 3-3a），在井 B 中进行的是低流量的抽水实验，计算结果表明对于低流量抽水实验而言取样管内的水在初始占有非常大的比例（图 3-3b）。抽提流量越低，则将取样管内的水完全抽走所需要的时间就越长，这样会延长采用低流量抽水时获取代表性水样所需要的时间。当取样管内的水被完全抽走后，其在抽提出的水中所占的体积分数并没有迅速降低到零，这是因为在地面上的流动小室中存在不同来源的水的混合现象。在采用低流量抽水的过程中，来自筛管内的水及来自土壤中的水所占的比例均随着抽提时间的增加而逐渐增加。来自筛管内的水所占的比例在抽提过程中最高可以达到 63%，表明筛管水对抽提出的水的影响在低流量抽水的情形下显得更为重要。来自套管内的水所占的比例在抽提开始后 10.1 min 时达到最大值，但该最大值仅为 1.9%，表明在

低流量抽水的过程中套管内的水所占的比例很小，因此其影响也非常不显著。如前文所述，当采用低流量取样法时，来自筛管中的水和来自土壤中的水均可以被认为是具有代表性的，且代表性水样所占的比例在抽水后 8.7 min 就达到了97%。然而，如果筛管中的水被认为不具有代表性，则获取代表性水样所需要的时间就要大于 20 min。

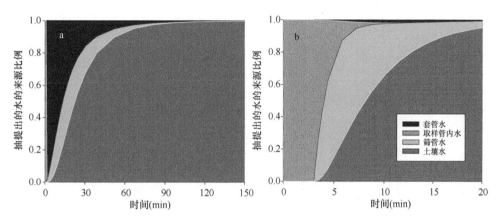

图 3-3　井 A 和井 B 在抽水实验中取样的代表性
a. 井 A，三倍体积取样法；b. 井 B，低流量取样法

二、抽提过程中水质参数对水样代表性的指示作用

在抽水的过程中，溶解氧是一个变化最为单调且最具有规律性的指标。在井A 和井 B 进行抽水实验的过程中，溶解氧的实测及模型预测的变化情况如图 3-4所示。在井 A 中，在抽水开始后，抽出的水体中的溶解氧浓度就迅速下降。在实验 1～3 中，抽提出的水中的溶解氧浓度从最开始的 5.20～5.77 mg/L 逐渐下降，至抽水持续 100 min 后下降到了 0.04～0.15 mg/L。然而，在实验 4 中，初始时刻的溶解氧浓度为 2.97 mg/L，抽水持续了 140 min 后溶解氧浓度为 0.40 mg/L。在井 B 中，在抽水实验的过程中，溶解氧的浓度从最初的 0.69～2.12 mg/L 降低到了0.24～0.69 mg/L。井 B 中的初始溶解氧浓度比井 A 低，可能是因为在将取样管插入井内时携带进入了更少的含有高溶解氧的水体。当抽水时间较为短暂时，测定的溶解氧浓度比模型预测值高，这是因为在井内存在较为明显的垂向溶解氧浓度的分布。抽提过程中，最先抽出来的是取样管内的水，这部分水中有可能含有高浓度的溶解氧。根据 USEPA[2]中所规定的要求，所有的水质指标，包括溶解氧，都需要在一个体积的取样管中的水抽完后才能开始记录。在此之前，抽出来的水的水质指标可能会发生快速的变化，而此时水质指标的预测值和实测值的对比也是没有意义的。在井 B 中，除了第一个点以外，其余点的模型预测值和实测值较

为接近，这也验证了该数学模型的正确性。

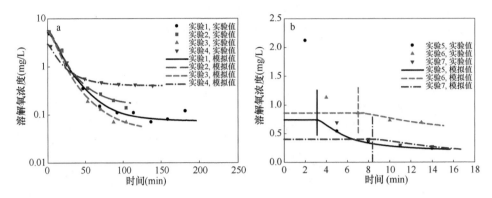

图 3-4　在采用三倍体积取样法（井 A，a）和低流量取样法（井 B，b）
时实测及模型计算的抽提出的水中溶解氧对比图

除了溶解氧以外，对一些其他的水质指标（浊度、pH、电导率、氧化还原电位和温度）在抽水的过程中也进行了测量和记录，结果见图 3-5～图 3-9。在某些实验中抽提出的水中的 pH 可能在抽水刚开始时发生大幅波动（如实验 2）或者保持稳定（如实验 5），在所有的抽水实验进行到后期时 pH 均能保持相对稳定。然而，pH 并不能指示抽水到取样的时间点，因为 pH 总是提前达到了稳定[2]。在实验 1 中，电导率和氧化还原电位均在抽水的过程中有大幅的波动，且在采用低流量抽水的过程中保持了持续的上升或者下降。这是因为在抽水的过程中，井内的重力流会导致水体的垂向混合，从而影响水体的电导率[10]，而氧化还原电位则主要取决于抽水井所在含水层的性质[2]。抽水过程中，水体的温度在两口井中的变化规律完全不同。在井 A 中，由于采用了潜水泵进行抽水，潜水泵工作的时候会持续放热，从而导致抽出的水体中的温度逐渐升高。然而，在井 B 中，随着抽水过程的进行，抽出水体的温度可能上升（实验 5）、下降（实验 7）或者保持稳定（实验 6）。这个变化趋势受到抽水时气温和地下水温度相对高低的影响，两者的相对高低在一年中的不同时间是不同的[17]。另外，地下水暴露在阳光下的程度也会影响抽水过程中水温的变化情况[19]。实验结果表明，浊度是 6 个水质指标中最不稳定的指标，其在很多抽水实验中均出现了大幅波动的情况（如实验 2、4、5、6）。然而，在进行了一段时间的地下水抽提后，浊度在所有的实验中均迅速下降到了 10 NTU 以下，这样浊度指标就满足了 USEPA[2]中提出的要求。根据模型中的计算结果，在井 A 中采用三倍体积抽水的方式采集地下水样品时，直到抽水 76 min 后才能使得水样中具有代表性的水体所占的比例达到 97%，这是一段很长的时间。因此，浊度低于 10 NTU 并不能确保水样具有代表性，也说明浊度并不是一个很好的指示水样具有代表性的指标。然而，浊度的数值仍然需要被连续测定，因为水体中的颗粒物可能会影响样品的取样结果[1]。对于这些指标，总体上来讲，溶解氧是一个最合适的指示水样代表性的指标。

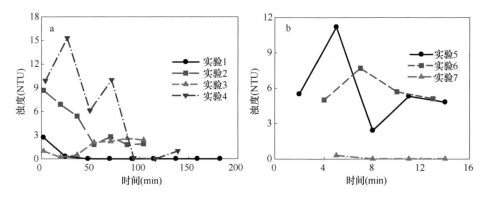

图 3-5 井 A（a）和井 B（b）在抽水过程中浊度的变化情况

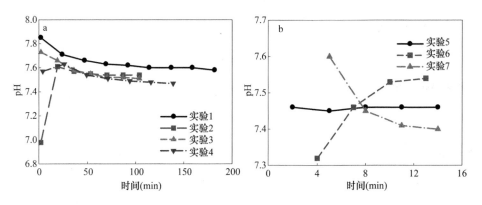

图 3-6 井 A（a）和井 B（b）在抽水过程中 pH 的变化情况

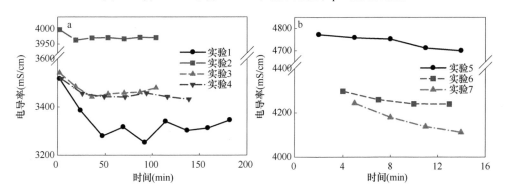

图 3-7 井 A（a）和井 B（b）在抽水过程中电导率的变化情况

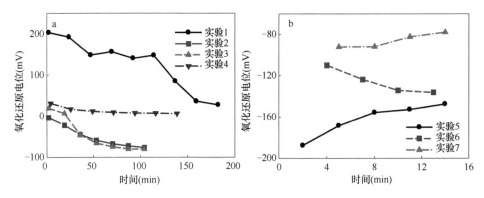

图 3-8　井 A（a）和井 B（b）在抽水过程中氧化还原电位的变化情况

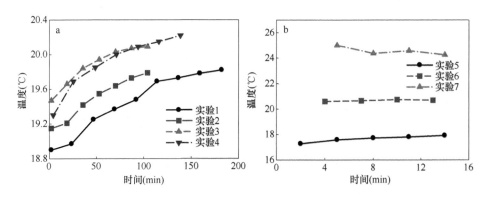

图 3-9　井 A（a）和井 B（b）在抽水过程中温度的变化情况

三、场地土壤性质和抽提方式对取样代表性的影响

可以利用数学模型来计算不同的场地特性对获取的地下水样品中具有代表性样品比例的影响，同时该数学模型也可以用来优化取样策略。默认的场地特性参数以及在模拟时各参数的取值范围如表 3-1 所示。默认条件下场地的土壤渗透系数为 0.5 m/d，该数值代表了中等程度渗透性的土壤，也具有较大的普遍性[20]。如前文所述，土壤的各向异性系数比为 1∶10。场地的土壤特性对采用三倍体积取样法和低流量取样法时具有代表性水样所占的比例的影响分别如图 3-10 和图 3-11所示。从开始抽水到具有代表性的水样所占的比例达到 97% 的时间称为"合适的取样时间"（SSTP）。在两种抽水方式下，场地中不同的参数对 SSTP 的影响如表 3-3 所示。

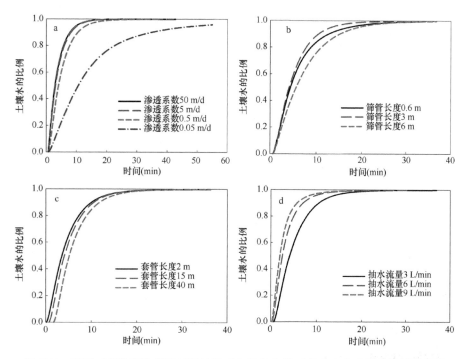

图 3-10　采用三倍体积取样法时场地性质和操作条件对抽出水中土壤水比例的影响

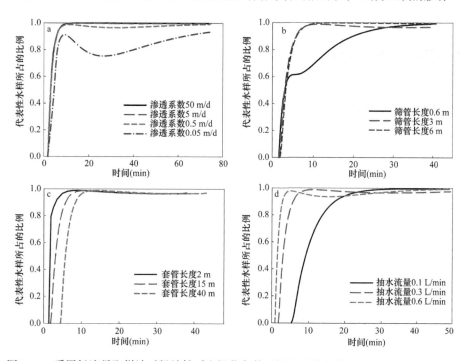

图 3-11　采用低流量取样法时场地性质和操作条件对抽出水中代表性水样所占比例的影响

表 3-3 不同参数对获取代表性水样所需时间的影响

参数	三倍体积取样法			低流量取样法		
	值	SSTP (min)	水头降深 (m)	值	SSTP (min)	水头降深 (m)
横向土壤渗透系数（m/d）	50	11.7	0.05	50	7.5	0.005
	5	11.8	0.24	5	7.6	0.02
	0.5	15.4	1.83	0.5	7.7 (22.9), 42.7 [a]	0.16 (0.18), 0.19 [a]
	0.05	64.7	14.2	0.05	102.2	1.50
抽水流量（L/min）	3	15.4	1.83	0.1	23.3	0.06
	6	11.1	3.56	0.3	7.7 (22.9), 42.7 [a]	0.16 (0.18), 0.19 [a]
	9	9.8	5.28	0.6	4.1 (6.7), 30.9 [a]	0.27 (0.32), 0.38 [a]
筛管长度（m）	0.6	20.3	5.48	0.6	29.3	0.56
	3	15.4	1.83	3	7.7 (22.9), 42.7 [a]	0.16 (0.18), 0.19 [a]
	6	22.1	1.05	6	7.73	0.09
套管长度（m）	2	15.3	1.89	2	5.17 (22.3), 37.6 [a]	0.14 (0.19), 0.20 [a]
	15	15.4	1.83	15	7.72 (22.9), 42.7 [a]	0.16 (0.18), 0.19 [a]
	40	17.1	1.96	40	10.5 (27.4), 46.7 [a]	0.17 (0.20), 0.21 [a]
抽提井直径（m）	0.05	15.4	1.83	0.05	7.7 (22.9), 42.7 [a]	0.16 (0.18), 0.19 [a]
	0.10	48.0	1.50	0.10	8.0 (74.2) [b]	0.09 (0.15) [b]
	0.15	100.4	1.33	0.15	8.8	0.06
垂向土壤渗透系数（m/d）	0.5	13.3	1.52	0.5	6.29	0.14
	0.05	15.4	1.83	0.05	7.7 (22.9), 42.7 [a]	0.16 (0.18), 0.19 [a]
	0.005	15.8	1.98	0.005	7.78 (20.6), 47.0 [a]	0.17 (0.20), 0.22 [a]
级配沙	存在级配沙（渗透系数 10 m/d）	15.4	1.83	存在级配沙（渗透系数 10 m/d）	7.7 (22.9), 42.7 [a]	0.16 (0.18), 0.19 [a]
	不存在级配沙	16.6	2.52	不存在级配沙	7.97 (22.6), 52.2 [a]	0.22 (0.26), 0.26 [a]
泵或取样管末端放置位置	套管底部	16.0	1.84	套管底部	50.9	0.19
	筛管顶部	14.1	1.82	筛管顶部	15.4	0.18
	筛管中部	15.4	1.83	筛管中部	7.7 (22.9), 42.7 [a]	0.16 (0.18), 0.19 [a]
	筛管底部	15.2	1.83	筛管底部	7.72 (43.5), 53.4 [a]	0.16 (0.19), 0.19 [a]

注：a. A（B），C 的数字形式表明，具有代表性的水样所占的比例在 A min 时达到 97%，但在 B min 时又下降至小于 97%，然后在 C min 时重新回升至 97%。在水头降深一栏，3 个数字分别代表 A min、B min 和 C min 时的水头降深；b. A（B）的数字形式表明，具有代表性的水样所占的比例在 A min 时达到 97%，但在 B min 时下降至小于 97%。虽然随着抽提过程的进行，该比例最终会大于 97%，但这个过程是漫长的，因此再次大于 97% 所需要的时间没有列在表中

图 3-10 展示了采用三倍体积取样法时，不同的土壤性质参数对获取到代表性水样的影响。从图中可以看出，在渗透性较差的土壤中，需要更多的抽水时间来获得具有代表性的水样（图 3-10a）。例如，当土壤的渗透系数为 0.05 m/d 时，若使抽出的水体中具有代表性水样的比例达到 97%，则需要 64.7 min，此时抽提井内地下水水位的降深为 14.2 m。

图 3-10b 的计算结果表明，当筛管的长度控制在 3 m 时，能够以最短的时间来获取具有代表性的水样。这样的结论来自两个方面：一方面，较短的筛管长度会导致抽提过程中井内水头降深幅度较大，因此会延长获取具有代表性水样所需要的时间；另一方面，如果筛管长度过长，则会导致筛管水的体积较大，而在三倍体积抽水的过程中，筛管水被认为不具有代表性。因此，当采用三倍体积取样法时，筛管的长度既不能太长也不能太短。图 3-10c 的计算结果表明，套管长度的增加会增加取样管内水的体积，因此会导致抽完取样管的水的时间增加。然而，这个因素不太重要，因为在采用三倍体积取样法时，抽水流量往往较大，因此抽完取样管里的水的用时一般小于 2 min。

对于相同的场地条件，增加地下水抽提流量，能够缩短获取具有代表性水样所需要的时间（图 3-10d）。当地下水抽提流量从 3 L/min 增加到 9 L/min 时，抽提水中具有代表性水样的比例达到 97% 所需的时间可以从 15.4 min 减少到 9.8 min，表明更大的抽水流量可以缩短获取代表性水样所需要的时间。然而，较大的抽水流量也会导致较多抽提废水的产生，这些抽提废水需要进行适当的处理，避免污染环境。

如前文所述，当采用低流量取样法获取代表性水样时，土壤水和筛管中的水均可以被认为是具有代表性的，因此计算的具有代表性的水样在抽水过程中随着时间的变化情况如图 3-11 所示。从图 3-11a 中可以看出，当土壤的渗透系数从 50 m/d 减少到 0.5 m/d 时，具有代表性的水样所占的比例变化很小，且均能在 8 min 内达到 96.5%。然而，当土壤的渗透系数进一步降低到 0.05 m/d 时，具有代表性的水样所占的比例在抽水开始后 8.6 min 内迅速上升到 91%，然后逐渐降低，至抽水持续 25.9 min 时降低到 75%。具有代表性的水样所占的比例降低主要和抽水过程中井内水头的降低有关。当抽水时间为 25.9 min 时，井内水头降深达到了 1.08 m，这个数值超过了 0.10 m，违反了相关的导则要求[2]。在抽水过程中，由于井内水位降低较多，许多来自套管内的水进入了筛管，因此增加了抽出水中来自套管水的比例，而来自套管的水一般被认为不具有代表性。随着抽提过程的进一步进行，具有代表性的水样所占的比例又逐渐回升，至抽提持续 71.6 min 后回升至 93.5%[1]。另外，USEPA 中规定的低流量抽水时，井内水头降深不能超过 0.1 m 的要求并不总是必需的。当土壤的渗透系数为 0.5 m/d 时，抽水过程中井内水头的降深可以达到 0.2 m，超过了 USEPA 中规定的 0.1 m 的限制，但水头稳定后具有代表性水样所占的比例一直保持大于 95%。

图 3-11b 描述了筛管长度对抽水过程中具有代表性水样所占比例的影响。从图中可以看出，当筛管长度为 3 m 或者 6 m 时，随着抽水过程的进行，具有代表性的水样所占的比例保持迅速增长的趋势。然而，当筛管长度减少到 0.6 m 时，具有代表性的水样所占的比例增加的速度远比筛管长度为 3 m 或者 6 m 的慢。此时，需要抽取 29.3 min 才能保证出水中具有代表性的水样所占的比例大于 97%。筛管长度对具有代表性水样所占比例的影响主要是由井内水头降深导致的。当筛管长度从 3 m 减少到 0.6 m 时，稳定情况下井内水头降深从 0.19 m 增加到 0.57 m。另外，当筛管长度较短时，筛管水的体积也较小，因此也较容易使套管中的水进入筛管中。因此，图 3-11b 的结果表明，筛管长度越长，获取具有代表性水样就越容易。然而，若筛管长度过长，则容易导致筛管的不同高度出现水质不一致的情况。因此，美国 EPA 导则中规定，当采用低流量抽水时，筛管的长度不能大于 3m[2]。当筛管长度较小时，需要采用较低的抽水流量。这样一方面可以减小抽水过程中井内水头的降深，另一方面可以降低地下水从土壤中流入筛管的速率[2]。

图 3-11c 的计算结果表明，当增加套管的长度时，会增加取样管内水的体积，从而使得将取样管内的水抽走所需要的时间增加。然而，该因素相比土壤的渗透系数或者筛管的长度而言是不重要的。当套管的长度从 2 m 增加到 40 m 时，抽走取样管内的水所需要的时间仅增加了 4 min。除了上述几项指标外，一些其他的指标也会影响获取代表性水样所需要的时间，这些指标对 SSTP 的影响均列于表 3-3 中。例如，当采用三倍体积取样法时，由于需要把筛管水抽走，因此需要较长的抽提时间。土壤中的垂向渗透系数越大，则获取代表性水样所需要的时间就越短，因为此时土壤中的水更容易通过垂向运动的方式进入抽提井内。当级配沙的渗透系数较大时，获取具有代表性水样所需要的时间也会随之缩短。

图 3-11d 的计算结果表明，在采用低流量取样时，增加抽水流量可以使得在较短的时间内获得具有代表性的水样。然而，需要注意的是，当抽水流量为 0.6 L/min 时，具有代表性水样所占的比例会在其中经历一个小幅下降的过程，该比例从 97.8%小幅下降到 93.6%。这是因为较大的抽水流量导致了较大的水头降深。当采用较小的抽水流量时，井内的水头降深会较小，此时套管水在总出水中所占的比例也较低。虽然获取土壤水的时间会有所增加，但由于筛管中的水同样被认为是具有代表性的，因此较小的抽水流量对具有代表性的水样所占比例的影响不大。从图 3-11d 中可以看出，如果想要获取代表性很高的水样（如代表性水样所占的比例大于 97%），那么最好将抽水流量保持在一个较小的数值中（如 0.1 L/min）。然而，如果对具有代表性的水样所占比例要求不高，在该比例为 95%或者 93%也能接受的前提下，可以采用较大的抽水流量，如 0.3 L/min 或者 0.6 L/min 来减少获取代表性水样所需要的时间。

四、抽水方式的选择

除了不同的抽水方式和抽水流量可以影响获取代表性水样所需要的时间外，一些其他的指标，如取样管的内径、抽水设施、抽水泵放置的位置、流动小室的体积均会影响获取代表性水样所需要的时间。当采用低流量抽水的方式时，取样管的管径不能大于 3/8 in[①]，而 1/4 in 是最为推荐的。取样管的管径越大，则抽提到代表性水样所需要的时间就越长，同样也需要蠕动泵以更大的流量进行抽水。流动小室的体积越大，则抽提出的水在流动小室中的混合效果越明显，出水中水质指标的波动就越不明显。因此，需要尽可能减小流动小室的体积。取样管及流动小室均需要采用聚四氟乙烯材质或者内衬聚四氟乙烯的聚乙烯材质，避免污染物在取样管及流动小室表面的吸附[19]。蠕动泵的取样管末端或者潜水泵需要放置在筛管的位置。如果将取样管末端或者潜水泵放在套管的底部，则抽水过程中会抽入更多的套管水，获取代表性的水样所需要的时间就会延长，这种情况在采用低流量抽水的方式时表现得更加明显（表 3-3）。当采用低流量抽水的方式获取代表性水样时，建议将取样管末端放置在筛管中部，这样可以更快地抽到具有代表性的水样[19]。

第四节　本 章 小 结

在本章，根据质量守恒定律和达西定律构建了一个数学模型，该数学模型可以用来模拟在低流量取样和三倍体积取样两种抽提方法下，抽提井中地下水水位降深的变化。在井内，通过一个一维的对流-扩散方程来计算污染物浓度的分布，从而计算取出的水样中代表性水样所占的比例。本章中选取了 2 个具有代表性的抽提井来对模型进行验证。其中井 A 采用三倍体积取样法进行抽水，井 B 采用低流量取样法进行抽水。根据模型的计算结果，可以得到如下结论。

（1）该数学模型可以用来模拟在采用三倍体积取样法和低流量取样法进行地下水取样时抽提井内水头的变化。该模型同时可以用来预测取样的代表性随着时间的变化。抽提过程中更大的水头降深并不一定对应更低的取样代表性。

（2）与其他水质指标进行对比，发现溶解氧是表征水质最灵敏的指标。模型计算结果发现，无论采用三倍体积取样法还是采用低流量取样法进行地下水取样，该数学模型均可以很好地用来预测溶解氧的变化。当溶解氧达到稳定时，可以用来指示抽提过程的结束。

（3）场地性质对地下水取样过程具有非常重要的影响。对于三倍体积取样法而言，土壤的渗透系数对取样的代表性和取样所需要的时间具有显著的影响。当

---

① 1 in=2.54 cm

土壤的横向渗透系数变小时，需要更长的抽提时间才能获得代表性的水样。对于低流量取样法而言，土壤的渗透系数同样对取样的代表性和取样所需要的时间有很大的影响。当渗透系数很小时，具有代表性的水样所占的比例在达到一个较高的比例后会开始下降，这给采用低流量抽水的方式获得代表性水样带来了挑战。

（4）地下水的取样方式对取样的结果具有很大的影响。对于三倍体积取样法而言，地下水抽提的流量和井的直径对获取代表性水样所需要的时间影响最大。对于低流量取样法而言，较短的筛管长度和较低的抽水流量会导致获得具有代表性水样所需要的时间延长。一些其他的操作参数，如套管的长度和级配沙的装填情况，对获取代表性水样所需要的时间影响不明显。当获得了场地的性质参数后，就可以通过该模型来优化抽提方法，从而获得最佳的抽提策略。

本模型也存在一定的局限性。首先，在井内，物质的渗透系数并没有通过实验加以测定，而是通过文献获得一个经验值，该值可能跟实际的物质扩散系数有一定的差距。其次，井内的水流被简化为一个一维的流动方程，因而忽略了井内水流在横向分布不均的问题。最后，地下水水质的垂向分层对抽提过程中各项指标的影响并没有在模型中进行考虑。未来的模型需要进一步考虑这些因素对地下水取样代表性的影响。另外，需要进行更多的场地实验来对模型进行进一步的验证和改进。

参 考 文 献

[1]DTSC. Representative sampling of groundwater for hazardous substances. *In*: Guidance manual for groundwater investigation. Sacramento, CA: Department of Toxic Substances Control, 2008.

[2]Douglas Yeskis and Bernard Zavala. Ground-Water Sampling Guidelines For Superfund and RCRA Project Managers. Washington, D.C.: USEPA, 2002.

[3]Garske E E, Schock M R. An inexpensive flow-through cell and measurement system for monitoring selected chemical-parameters in groundwater. Ground Water Monitoring & Remediation, 1986, 6(3): 79-84.

[4]Barcelona M J, Varljen M D, Puls R W, et al. Ground water-purging and sampling methods: history vs. hysteria. Ground Water Monitoring & Remediation, 2005, 25(1): 52-62.

[5]McMillan L A, Rivett M O, Tellam J H, et al. Influence of vertical flows in wells on groundwater sampling. Journal of Contaminant Hydrology, 2014, 169: 50-61.

[6]Martin-Hayden J M, Plummer M, Britt S L. Controls of wellbore flow regimes on pump effluent composition. Groundwater, 2014, 52(1): 96-104.

[7]Sevee J E, White C A, Maher D J. An analysis of low-flow ground water sampling methodology. Ground Water Monitoring & Remediation, 2000, 20(2): 87-93.

[8]Varljen M D, Barcelona M J, Obereiner J, et al. Numerical simulations to assess the monitoring zone achieved during low-flow purging and sampling. Ground Water Monitoring & Remediation, 2006, 26(1): 44-52.

[9]Chatelier M, Ruelleu S, Bour O, et al. Combined fluid temperature and flow logging for the characterization of hydraulic structure in a fractured karst aquifer. Journal of Hydrology, 2011,

400(3-4): 377-386.

[10]McDonald J P, Smith R M. Concentration profiles in screened wells under static and pumped conditions. Ground Water Monitoring & Remediation, 2009, 29(2): 78-86.

[11]Pauwels H, Negrel P, Dewandel B, et al. Hydrochemical borehole logs characterizing fluoride contamination in a crystalline aquifer (Maheshwaram, India). Journal of Hydrology, 2015, 525: 302-312.

[12]Stober I, Bucher K. Hydraulic properties of the crystalline basement. Hydrogeology Journal, 2007, 15(2): 213-224.

[13]Domenico P A, Schwartz F W. Physical and Chemical Hydrogeology. New York: John Wiley and Sons, 1990.

[14]Martin-Hayden J M. Sample concentration response to laminar wellbore flow: implications to ground water data variability. Groundwater, 2000, 38(1): 12-19.

[15]Martin-Hayden J M, Wolfe N. A novel view of wellbore flow and partial mixing: digital image analyses. Ground Water Monitoring & Remediation, 2000, 20(4): 96-103.

[16]Martin-Hayden J M. Controlled laboratory investigations of wellbore concentration response to pumping. Groundwater, 2000, 38(1): 121-128.

[17]Puls R W, Paul C J. Low-flow purging and sampling of ground-water monitoring wells with dedicated systems. Ground Water Monitoring & Remediation, 1995, 15(1): 116-123.

[18]Morris D A, Johnson A I. Symmary of hydrologic and physical properties of rock and soil materials, as analyzed by the hydrologic laboratory of the U.S. Geological Survey, 1948-60, Washington, D.C.: United States Government Printing Office, 1967: 36-37.

[19]USEPA. Groundwater sampling. Athens: Science and Ecosystem Support Division, 2013.

[20]Bear J. Dynamics of Fluids in Porous Media. New York: Dover Publications, 1972.

第四章　HSLF 取样法

第一节　HSLF 取样法的提出

前面的章节论述了各种因素对于抽水效率的影响。对于传统的抽水方法，优化其参数，使其通过改变参数提高取样效率。然而需要注意的是，对于一些渗透系数很低的土壤，调节流量对于取样效率的影响有限，同时液面降深可能会很大，甚至低于套管，这会导致产生大量废水。因此，为了解决这一问题，本章提出了一种新的取样法，该方法在各种土壤条件下都能保证具有较好的取样效率。在本章中，认为在抽水口上方筛管中的水、套管水以及抽水前取样管中的水是不具有代表性的水，而其余从含水层中进入取样井内的水（简称地层水）、抽水口下方筛管中的水是具有代表性的水。同时当抽出的水中 90% 的水是具有代表性的水时，即可进行取样。

取样时，当前取样法、土壤条件、监测井的结构都是无法修改的，能够进行改进的方面只有泵在水中的位置以及抽提流量。对于以上两个方面的静态条件，第三章做出了模拟，为了提出更加优化的取样法，在本章中需要考虑这两种条件的动态情况，下面对不同的可能性逐一进行分析。

对于泵在水中的位置，有两种情况，即在抽水过程中将泵从上向下移动和自下向上移动。在第三章中模拟了泵在不同位置上监测井内液面的下降情况，发现在抽水流量不变时，井内液面下降的高度与泵的位置几乎无关，这是因为取样泵或取样管口的位置应当在筛管内。因此，无论是自下向上移动还是从上向下移动，监测井内液面高度应当是不变的，从而使得套管内不具有代表性的水进入筛管的量是一定的，同时在移动的过程中可能会造成地下水的扰动，不利于达到稳定。因此，在抽水过程中泵的移动不能提高地下水的取样效率。

对于抽提流量，依然有两种情况，即在抽水过程中使抽水流速先小后大和先大后小。对于抽水流速先小后大的情况，监测井的液面先缓慢下降后快速下降，与直接使用大流量相比，最后的液面降深相同，因此抽出的不具有代表性的水的量应当是相近的。若直接使用大流量，所用时间较少。因此，使用抽水流速先小后大的方法的抽水效率应当小于直接使用大流量的抽水效率。而对于抽水流速先大后小的方法则不然，下面进行如下分析。

在抽水的初始阶段，大流速将引起两种物理效应：①井内的停滞水强烈扰动和套管内液面迅速向下运动；②井与含水层之间的水力梯度迅速增加。与低流量取样方法相比，该方法能够更快地移除不具有代表性的套管水，这也是三倍体积取样法的特征。然而，与继续使用大流速抽提的三倍体积取样法不同，当井内液面下降高度达到一定深度（高于低流量取样法平衡时的降深）时，这种方法将抽提速率转换到低流量抽提速率，此时液面会回升，迅速达到稳定。

基于此，侯德义在 2018 年提出一种新的双速率取样法，称为"高应力低流量"（high stress low-flow，HSLF）取样法。对于 HSLF 的操作，最初使用大的抽提速率，当液面下降高度大于小流量稳态时的液面下降高度时，迅速转换成小流量进行抽提。

由于该方法的新颖性，学术界主要使用两种模型对其进行验证，一种是罗剑使用解析解模型[1]进行验证，另一种则是王轶冬使用数值解模型[2]进行验证。

第二节　HSLF 取样法的解析解模型

一、概念模型

在不失一般性的前提下，罗剑考虑对均质且各向同性的承压含水层中的大口径井进行地下水取样[1]。图 4-1 显示了该模型示意图。该监测井的套管部分和筛管部分的半径分别是 r_c[L]（L 为长度单位）和 r_w[L]，含水层在水平方向上无限延伸，具有恒定的厚度 b[L]、导水率 T[L^2T^{-1}]（L 为长度单位，T 为时间单位）和储水系数 S[-]（-为无单位）。在抽水之前，井内的液面是水平的，液面下降高度 s[L] 为 0。在抽水过程中，井内的液面逐渐下降。根据质量守恒定律，抽水速率 Q[L^3T^{-1}] 等于从含水层中进入筛管的速率 Q_{aq}[L^3T^{-1}]加上从套管进入筛管的速率 Q_w[L^3T^{-1}]。为了说明从监测井内抽出的水的取样偏差问题，在模型中把监测井内的筛管部分考虑为一个完全混合反应器，并且忽略了在井内的传输过程。例如，取样浓度是在筛网中的平均浓度，与抽水口在井中的位置无关。对于流速和浓度可以分别定义两个比率：

含水层中的流量比率为

$$\eta_q = \frac{Q_{aq}}{Q} = 1 - \frac{Q_w}{Q} \tag{4-1}$$

这个公式量化了含水层中的水占抽出水量中的比例。

浓度比率为

$$\eta_c = \frac{c}{c_{aq}} \tag{4-2}$$

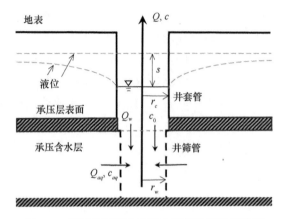

图 4-1　有限空间下的地下水取样监测井概念图

　　这里 $c[\text{ML}^{-3}]$ 是筛管中地下水的浓度。根据完全混合假设，井内地下水浓度相同，$c_{aq}[\text{ML}^{-3}]$ 是含水层中地下水的浓度。对于在场地中的化学异质性问题，即含水层浓度可能存在水平空间分布，c_{aq} 则被假设为平均浓度，通过式（4-2），可以量化样品的代表性问题。

　　图 4-1 展示了有限空间下的地下水取样监测井概念模型（筛管和套管的半径分别是 r_c 和 r_w），抽水流速是 Q，含水层进入筛管的流速为 Q_{aq}，套管液面下降进入筛管的流速是 Q_w，取样浓度是 c，在井内的液面下降高度为 s，含水层中的浓度为 c_{aq}，套管中的浓度为 c_0，c_0 是常数。

二、解析解

（一）井内的液面下降

　　在恒定抽水速率 Q 下，无量纲的井内液面下降公式由 Papadopulos 和 Cooper[3] 给出：

$$s_D\left(t_D\right) = F\left(t_D, \alpha\right) \tag{4-3}$$

　　其中

$$F\left(t_D, \alpha\right) = \frac{32\alpha^2}{\pi^2} \int_0^\infty \frac{1 - e^{\left(-\frac{\beta^2}{4}t_D\right)}}{\beta^3 \Delta\left(\beta\right)} \, d\beta \tag{4-4}$$

$$s_D = \frac{s}{Q/\left(4\pi T\right)} \tag{4-5}$$

$$t_D = \frac{t}{r_w^2 S/\left(4T\right)} \tag{4-6}$$

$$\alpha = \frac{r_w^2 S}{r_c^2} \tag{4-7}$$

$$\Delta(\beta) = \left[\beta J_0(\beta) - 2\alpha J_1(\beta)\right]^2 + \left[\beta Y_0(\beta) - 2\alpha Y_1(\beta)\right]^2 \tag{4-8}$$

式中，J_0 和 Y_0、J_1 和 Y_1 分别是第一类和第二类的零维及一维的贝塞尔函数；$t[T]$ 是时间；t_D 是无量纲的时间。

HSLF 方法中两个流速分别为：大流速 Q_1，记作状态 1，状态 1 的抽水时间为 $\tau_S[T]$；小流速 Q_2，记作状态 2，用于低流量取样。本模型针对这两个状态，定义了一个流量比率：

$$\lambda = \frac{Q_1}{Q_2} \tag{4-9}$$

因此，井内液面下降的分析解可以由线性重叠理论来得到：

$$s_D(t_D) = \frac{s}{Q_2/(4\pi T)} = \begin{cases} \lambda F(t_D, \alpha), & \text{当}\, t_D \leqslant t_S\,\text{时} \\ \lambda F(t_D, \alpha) - (\lambda - 1) F(t_D - t_S, \alpha), & \text{当}\, t_D > t_S\,\text{时} \end{cases} \tag{4-10}$$

这里 t_S 是状态 1 的无量纲抽水时间。

$$t_S = \frac{\tau_S}{r_w^2 S/(4T)} \tag{4-11}$$

在这里，定义了抽水速率的比率[式（4-9）]和归一化的液面下降[式（4-10）]。在状态 2 的情况下，在现场通常使用相对较小的恒定流量如 0.3 L/min[4]，以便在减少扰动（可能会导致污染物挥发和氧化）和减少取样时间之间取得良好的平衡。

（二）含水层流量比率

对于一个恒定的抽水流速，将式（4-3）～式（4-8）代入式（4-1）能够得到：

$$\eta_q = 1 - \frac{Q_w}{Q} = 1 - \frac{\pi r_c^2 \dfrac{\mathrm{d}s}{\mathrm{d}t}}{Q} = 1 - \frac{1}{\alpha}\frac{\mathrm{d}s_D}{\mathrm{d}t_D} = 1 - \frac{1}{\alpha}\frac{\mathrm{d}F}{\mathrm{d}t_D} \tag{4-12}$$

对于 HSLF 方法，含水层流量比率 η_q 需要根据不同状态下的抽水流速进行定义：

$$\eta_q = \begin{cases} 1 - \dfrac{\pi r_c^2 \dfrac{\mathrm{d}s}{\mathrm{d}t}}{Q_1}, & \text{当}\, t \leqslant \tau\,\text{时} \\[4mm] 1 - \dfrac{\pi r_c^2 \dfrac{\mathrm{d}s}{\mathrm{d}t}}{Q_2}, & \text{当}\, t > \tau\,\text{时} \end{cases} \tag{4-13}$$

使用无量纲的形式为

$$\eta_q = \begin{cases} 1 - \dfrac{1}{\lambda\alpha}\dfrac{\mathrm{d}s_D}{\mathrm{d}t_D}, & \text{当}t_D \leqslant t_S\text{时} \\[3mm] 1 - \dfrac{1}{\alpha}\dfrac{\mathrm{d}s_D}{\mathrm{d}t_D}, & \text{当}t_D > t_S\text{时} \end{cases} \tag{4-14}$$

将式（4-10）代入式（4-14），得到：

$$\eta_q = \begin{cases} 1 - \dfrac{1}{\alpha}\dfrac{\mathrm{d}F}{\mathrm{d}t_D}, & \text{当}t_D \leqslant t_S\text{时} \\[3mm] 1 - \dfrac{1}{\alpha}\left[\lambda\dfrac{\mathrm{d}F(t_D)}{\mathrm{d}t_D} - (\lambda-1)\dfrac{\mathrm{d}F(t_D - t_S)}{\mathrm{d}t_D}\right], & \text{当}t_D > t_S\text{时} \end{cases} \tag{4-15}$$

这里状态 1 与恒定流量抽提是一致的，即状态 1 独立于状态 2，而状态 2 受到状态 1 中抽提的影响。

（三）浓度比率

取样浓度假定为井内筛管部分的平均值，因此，在井内由质量守恒定律可以得到：

$$V_w\frac{\mathrm{d}c}{\mathrm{d}t} = Q_w c_0 + Q_{aq}c_{aq} - Qc \tag{4-16}$$

式中，V_w 是筛管部分的体积；c_0 是套管内的地下水浓度。

为了简化模拟过程，本模型假定套管中的水是没有代表性的，而筛管中的水在初始时也没有代表性。这是因为在放入水泵或者取样管时会将套管中的水引入筛管水中。因此：

$$c(t = 0) = c_0 = 0 \tag{4-17}$$

在这里可以看到，式（4-17）描述的是最不利的情况，因为套管中的水有可能具有代表性。

此外，定义了在筛管内的停留时间和无量纲的停留时间：

$$\tau_w = \frac{V_w}{Q} \tag{4-18}$$

$$t_w = \frac{\tau_w}{r_w^2 S/(4T)} \tag{4-19}$$

如果筛管的体积一定，则更短的停留时间对应的是更大的抽水速率。

将式（4-17）～式（4-19）代入式（4-16）得到没有量纲的方程：

$$\frac{\mathrm{d}\eta_c}{\mathrm{d}t} = -\frac{\eta_c}{t_w} + \frac{\eta_q}{t_w} \tag{4-20}$$

对应的初始条件：$\eta_c = 0$。

对应恒定抽提速率与停留时间的浓度比率的解析解由下式给出：

$$\eta_c\left(t_D\right)=\mathrm{e}^{-\frac{t_D}{t_w}}\int_0^{t_D}\frac{1}{t_w}\mathrm{e}^{\frac{p}{t_w}}\eta_q\left(p\right)\mathrm{d}p \tag{4-21}$$

对于两个状态的抽提过程，存在两个停留时间：

$$t_{w_1}=\frac{V}{Q_1},t_{w_2}=\frac{V}{Q_2} \tag{4-22}$$

因此，存在两个控制方程，如式（4-20）所示，解析解由下式给出：

$$\eta_c\left(t_D\right)=\begin{cases}\mathrm{e}^{-\frac{t_D}{t_{w_1}}}\int_0^{t_D}\frac{1}{t_{w_1}}\mathrm{e}^{\frac{p}{t_w}}\eta_q\left(p\right)\mathrm{d}p, & \text{当 } t_D\leqslant t_S \text{ 时}\\[4mm]\mathrm{e}^{-\frac{t_D-t_S}{t_{w_2}}}\left[\int_0^{t_D-t_S}\frac{1}{t_{w_2}}\mathrm{e}^{\frac{p}{t_{w_2}}}\eta_q\left(p+t_S\right)\mathrm{d}p+\mathrm{e}^{-\frac{t_S}{t_{w_1}}}\int_0^{t_S}\frac{1}{t_{w_1}}\mathrm{e}^{\frac{p}{t_w}}\eta_q\left(p\right)\mathrm{d}p\right], & \text{当 } t_D>t_S \text{ 时}\end{cases}$$

$$\tag{4-23}$$

三、数值验证

在筛管区域完全混合的假设是推导样品浓度式（4-21）、式（4-23）的关键。泵的出水浓度可能会出现变化，这是由于筛管和套管中的地下水发生部分混合[5, 6]。为了验证这一假设，使用该模型与最新研究出的三维数学模型[7]进行对比，同时模拟含水层和井内的流场，表 4-1 总结了含水层和泵的参数。本模型分别考虑了高渗透系数 10 m/d 和低渗透系数 0.1 m/d 的情况，以及分别设置抽水流量为 0.3 L/min 和 3 L/min。在模型中，在研究区域上方设置一个基本不透水的地层，形成一个密闭的含水层。

表 4-1　在模型校准中使用的水力参数

参数	数值
井深（m）	20
井半径（m），$r_w=r_c$	0.05
筛管长度（b）（m）	3
水平渗透系数（K）（m/d）	0.1 和 10
抽水流速（Q）（L/min）	0.3 和 3
储水系数（S）（m^{-1}）	10^{-4}
研究域体积	130.7 m×130.7 m×20 m
水力梯度（m/m）	0
各向异性比	1:1
扩散系数（D）（m^2/s）	2×10^{-6}

图 4-2 显示了解析解与数值解的结果基本一致。此外，井内的浓度差异与浓度平均值相比，基本可以忽略，尤其是当浓度很高时。因此，本模型的假设和由此推导出的公式对于研究地下水取样策略是可行的，至少在表 4-1 列出的典型参数范围内是可行的。

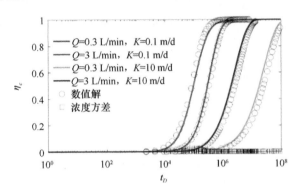

图 4-2　解析解和数值解的差异对比（抽水速率 Q 和渗透系数 K 是参数，圆圈和方块分别表示数值模拟的平均浓度以及在筛管内部的浓度差异）

四、恒定抽水情况分析

（一）流量比率和样品代表性

图 4-3a 显示了井内部水位下降的曲线。对于 $r_w = r_c$ 情况，系数 α 与储水系数 S 是相同的，在较长的时间内，水位下降的公式接近假设井半径无限小的 Theis 解。相应地，含水层水的比率在大多数时间接近 1（图 4-3b），这表明抽出的水主要来自含水层中的水，而来自套管中的水可以忽略不计。需要注意到，含水层流量比率 η_q 只是含水层性质，即 S 和 T 的函数，与给定的抽水速率无关，这是因为水位的下降和它的速率改变与抽水速率呈线性关系，如式（4-3）和式（4-12）所示。具有高的储水系数和渗透系数的含水层在短时间内就能达到一个很高的含水层流量比率。如果将 $\eta_q = 0.9$ 作为一个阈值（即为收集地下水样本的时间），那么本模型可以使用简单的近似关系来确定时间 t_q：

$$t_q \geqslant \frac{10}{\alpha} \tag{4-24}$$

代入实际时间：

$$\tau_q \geqslant \frac{2.5 r_c^2}{T} \tag{4-25}$$

实际上，Papadopulos 和 Cooper[3]通过 Theis 解近似给出了一个更晚的时间。对于含水层的参数 r_c=0.1 m 以及 $T = 10$ m²/d，通过式（4-23）可得 $\tau_q = 3.6$ min。

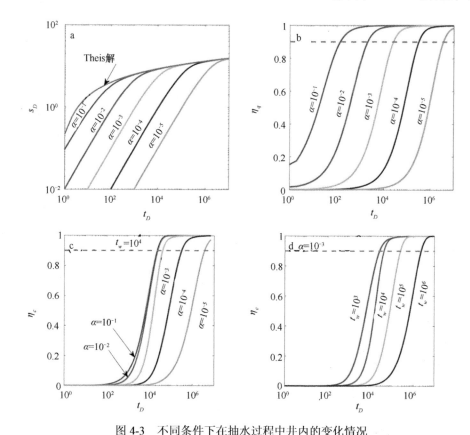

图 4-3　不同条件下在抽水过程中井内的变化情况

a. 水位下降 s_D；b. 含水层流量比率 η_q；c. 浓度比率 η_c，给定停留时间 $t_w = 10^4$；d. 浓度比率 η_c，给定 $\alpha = 10^{-3}$。

灰色虚线是样品代表性阈值为 0.9 的线

图 4-3c 显示了在筛管区域内，在给定的恒定抽提速度或停留时间下的浓度比率，浓度比率用于描述样品的代表性。因此浓度比大于阈值（如 $\eta_c = 0.9$）的时间即为收集地下水样本的时间，定义为 t_S。在具有较高 α 或储水系数的含水层中，对于给定的抽水速率，需要的抽水时间较短。图 4-3d 显示可以通过增加抽水速率来提高 η_c。对于给定的含水层，如果假设井内的平均浓度为取样浓度，则由于加快了混合，较高的抽提速率（即较短的停留时间）通常可以缩短洗井和取样的时间。这个特点与 η_q 是不同的，后者与抽提速率无关。

（二）时间尺度和限制过程

根据模型，达到高的浓度比率或样品代表性的取样时间由两个过程决定：从含水层和套管进入筛管的流速以及在筛管内的混合。前一个过程由 η_q 接近 1 的时间尺度来刻画，即将式（4-24）作为含水层的响应时间尺度，它实际上量化了在抽水过程中含水层液面下降以及井内的变化情况。后一个过程由井内的停留时间尺度来刻画，作为井内混合的时间，量化了混合速度和程度。因此，如果两个时间尺度显著不同，那么取样时间，即 η_c 接近于 1 的情形，由更慢的过程来决定，即时间更长的过程。例如，图 4-3c 中 $\alpha = 10^{-1}$ 和 10^{-2} 的情形有着几乎相似的取样时间，因为这两种情形都是被井内混合时间尺度所限制的。此外，图 4-3d 显示随着抽水速度的增加，即 t_w 的减少，时间尺度的改善变得不那么重要，因为系统从对井内混合的限制转变为对含水层的相应限制。

图 4-4 进一步比较了在给定抽水速率，即井内混合时间尺度（图 4-4a）和给定含水层性质，即含水层响应时间尺度（图 4-4b）的条件下 η_q 和 η_c 的变化情况，图 4-4a 和图 4-4b 显示了 η_c 通常来说小于 η_q。这是因为与稳定的流场相比，浓度方面达到取样标准需要额外的混合时间。从图 4-4 中还可以看到，在低储水系数和高抽水速率的情况下 η_c 与 η_q 几乎是同步的，因为系统受含水层相应时间尺度的限制。举例来说，对于 $\alpha = 10^{-4}$ 和 10^{-5}，根据式（4-24），近似的含水层响应时间分别是 10^5 和 10^6，比图 4-4a 中的均匀混合时间尺度 $t_w = 10^4$ 大得多。因此，对于 η_q 的含水层时间尺度可以近似指导地下水取样，在图 4-4b 中 $t_w = 10^3$ 和 10^4 的情况是相同的。另外，对于 $\alpha = 10^{-1}$ 和 10^{-2} 的情况，地层水响应时间大约比 t_w 低一到两个数量级，从而导致系统受井混合时间尺度的限制。因此，η_c 的时间尺度与 t_w 在数量级上是相同的，如图 4-3a 和图 4-3c 所示，在图 4-3b 的情况下也是相同的。作为比较，如在图 4-4a 中的 $\alpha = 10^{-3}$ 和在图 4-4b 中的 $t_w = 10^5$，确定 η_c 的时间尺度需要考虑两个过程的影响，需要注意到受 η_q 的含水层响应时间尺度限制的系统代表了低渗透率的情况，这种情况通常是在现场面临取样挑战。

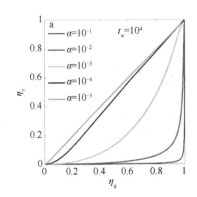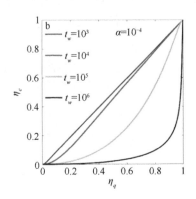

图 4-4 　η_c 和 η_q 的比较

a. 在具有不同含水层参数的筛管中给定井混合时间尺度 $t_w = 10^4$；b. 在不同的抽水速率或井混合时间尺度 t_w 中给定含水层响应时间尺度 $\alpha = 10^{-4}$

五、HSLF 取样法分析

（一）对含水层流量比率的影响

图 4-5 表明，所提出的 HSLF 取样法可以大大缩短取样时间。在该模型中选取 3 个抽水流量比率来表示在状态 1 中不同的高流速，转换时间被设置为 $t_S = 1/\alpha$。下降曲线图 4-5a～图 4-5c 清楚地显示了泵速转换时的液面高度随时间的趋势变化。当转换为低流速时，在状态 1 中的大流速已经产生了很大的液面下降高度和流场，此时液面会回升，在筛管内的水会流入套管内，相应地，含水层流量比率（图 4-5d～图 4-5f）在转换时急剧增加。在具有高储水系数（如 $\alpha = 0.1$）的含水层中施加较高的抽水率（如 $\lambda = 10$）其至可能会推高井内的水位，这意味着在抽水过程中，含水层的水供应过剩。这时，含水层比例上升到 1，并且没有套管水进入筛管区域内。如此高的含水层比例可以维持一定的时间，然后随着水位的恢复而略有下降，最终达到低抽水流量的水平。

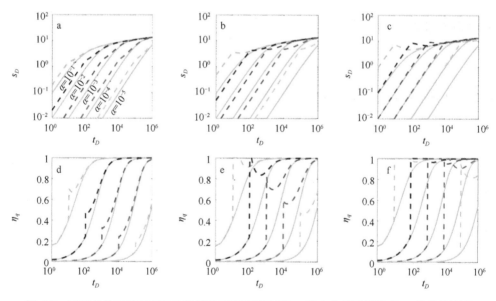

图 4-5　不同条件下使用 HSLF 取样法液面下降高度 s_D 和含水层流量比率 η_q 的变化情况

在 HSLF 方法中的抽提流量比率 $\lambda = Q_1 / Q_2$，含水层中不同的储水率 α。a. 当抽提流量比率 $\lambda = 2$ 时的 s_D 情况；b. 当抽提流量比率 $\lambda = 5$ 时的 s_D 情况；c. 当抽提流量比率 $\lambda = 10$ 时的 s_D 情况；d. 当抽提流量比率 $\lambda = 2$ 时的 η_q 情况；e. 当抽提流量比率 $\lambda = 5$ 时的 η_q 情况；f. 当抽提流量比率 $\lambda = 10$ 时的 η_q 情况

从图 4-5 中可以注意到，当系统处于过应力状态时（即大流速抽水时液面下

降的高度大于小流速抽水平衡时液面下降的高度），改变抽水流速能够减少取样时间，此时，式（4-15）可以被简化为

$$\eta_q = 1 - \frac{1}{\alpha}\left[\lambda\frac{\mathrm{d}F}{\mathrm{d}t_D} - (\lambda-1)\frac{\mathrm{d}F}{\mathrm{d}t_D}\bigg|_{t_D=0}\right] \tag{4-26}$$

这里 $\dfrac{\mathrm{d}F}{\mathrm{d}t_D}\bigg|_{t_D=0}$ 是开始抽水时液面下降速率，由 Papadopulos 和 Cooper[3] 给出：

$$\frac{\mathrm{d}F}{\mathrm{d}t_D}\bigg|_{t_D=0} = \alpha \tag{4-27}$$

这可以通过设置式（4-12）为 0 时推导出，这表示在开始抽水时所有井内的水都来自含水层，因此，转换流速时含水层流量比率由式（4-28）给出：

$$\eta_q = 1 - \frac{1}{\alpha}\left[\lambda\frac{\mathrm{d}F}{\mathrm{d}t_D} - (\lambda-1)\alpha\right] \tag{4-28}$$

而且对于一个目标 η_q 值，可以通过改变时间来得到，此时：

$$\frac{\mathrm{d}F}{\mathrm{d}t_D} = \frac{1-\eta_q}{\lambda}\alpha + \left(1-\frac{1}{\lambda}\right)\alpha \tag{4-29}$$

为了简单和严密起见，可以定义 $\eta_q = 1$，即在流量转换的时刻，地层水的比例迅速升高到 1，如图 4-5f 所示。因此，能够得到一个在转换时刻需要满足的简单关系：

$$\frac{\mathrm{d}F}{\mathrm{d}t_D} \leqslant \left(1-\frac{1}{\lambda}\right)\alpha \tag{4-30}$$

将式（4-30）代入式（4-12），得到在转换流量之前，地层水的比例需要满足：

$$\eta_q \geqslant \frac{1}{\lambda} \tag{4-31}$$

将满足式（4-30）和式（4-31）的转换时间定义为临界时间。临界 η_q 在流量转换之前等于 $\dfrac{1}{\lambda}$，这表明当阶段 1 抽水速率减少至原来的 $\dfrac{1}{\lambda}$ 时，η_q 将增加 λ 倍到 1，即含水层的流速保持与阶段 1 相同，但是井内的流速立即响应抽水流速的变化。

对于图 4-6a，如式（4-27）所示，从早期的 α 开始，液面垂直下降的曲线对应的时间段在逐渐递减。在一个抽提比率 $\lambda=2$、$\alpha=10^{-3}$ 的含水层中，根据式（4-30）选择 3 个转换时间。图 4-6b 表明，对于满足式（4-30）或式（4-31）的转换时间，即 t_{S2} 和 t_{S3}，含水层中地下水的比例急剧上升到 1，而更早的转换时间 t_{S1} 无法迅速提升含水层的流量比率。

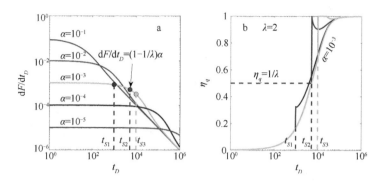

图 4-6　通过 HSLF 取样法改进的含水层响应时间尺度

a. 在不同的 α 条件下水头下降梯度曲线；b. 在抽提比率 $\lambda=2$、$\alpha=10^{-3}$ 的含水层中，对应不同的抽水转换时间 η_q 的曲线。t_{S2} 是将 η_q 迅速提升到 1 的关键转换时间，t_{S1} 和 t_{S3} 分别表示比 t_{S2} 早和晚的时间

（二）对浓度比率的影响

图 4-7 显示了通过 HSLF 取样法可以减少达到特定浓度比率或样品代表性的时间。改变流量的时间设置为：$t_S=1/\alpha$，与上一节图 4-5 相同，与图 4-4 相比，η_c 效率的提升不够明显，这是井内地下水混合导致的。特别说明，HSLF 取样法对于较小的 λ 无效（图 4-7a，4-7b）。即给定状态 2 中低流量，状态 1 中的抽提速率不够高。此外，在该系统中，由于受到 α 或储水系数较大的良好混合时间尺度（即 η_q 的含水层响应时间尺度较短）的影响，使用 HSLF 取样法的效果不够明显。如前一部分所述，HSLF 取样法可以大大缩短 η_q 的含水层响应时间尺度，如图 4-5 和图 4-6 所示。因此，所提出的 HSLF 取样法在受含水层响应时间尺度限制的系统中特别有效，如图 4-7c 中 $\alpha=10^{-4}$ 和 10^{-5} 的情况。对于受混合时间尺度限制的系统，必须以恒定的高抽提流量进行抽取以缩短取样时间，如图 4-3d 所示。

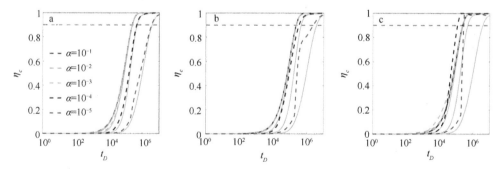

图 4-7　在不同含水层中、不同抽水比率下，恒定流速抽水和 HSLF 取样法之间浓度 η_q 的比较

a. $\lambda=2$；b. $\lambda=5$；c. $\lambda=10$。灰色实线是以恒定流量抽水的结果，彩色虚线是在低流量抽水速率一定、$t_w=10^4$ 的条件下 HSLF 方法的结果

（三）初步指南

图 4-8 表示基于对 η_q 的含水层响应时间式（4-30）和式（4-31）的临界流量转换时间，图中显示在抽提流量比率和系数 α 很大的情况下，可以采用较短的流量转换时间。图 4-8 提供了直观的图形，可以用作确定泵速和泵转换时间的初步指南。例如，对于 $\alpha = 10^{-4}$ 和 $\lambda = 10$，可以使用 $t_S = 8 \times 10^3$，应用典型的低渗透系数含水层条件 $r_w = 0.1$ m，$S = \alpha = 10^{-4}$ 和 $T = 0.2$ m²/d 代入式（4-6）得到 $\tau = 15$ min。因此，可以使用大流速抽提 15 min，然后转换至小流速再进行取样。由于抽水时间短得多，与恒定流量抽水相比，总抽水量也大大减少了。但是应该意识到，图 4-8 完全忽略了混合时间尺度，并且可能低估了转换流速所需的时间尺度。因此，可以认为基于式（4-30）和式（4-31）得出的结果是最低要求，而且仅仅对于受含水层响应时间尺度限制的系统有效。在前面的部分中，本模型使用 1/10 的含水层响应时间标尺 $t_S = 1/\alpha$ 作为 $\lambda = 10$ 所提供的流量转换时间。因此，使用 HSLF 取样法抽出的总水量与低流速取样方法相当，相应的实际时间是 $2.5r_c^2/T$，即式（4-25）。该结果大于图 4-8 中所示的时间，可以作为对流量转换时间的粗略但更安全的合理估计。

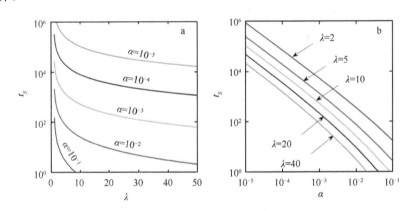

图 4-8　HSLF 取样法的流量转换时间

a. 在特定系数 α 条件下与抽提流量比率 λ 的关系；b. 在特定抽提流量比率 λ 条件下与系数 α 的关系

第三节　HSLF 取样法的数值解模型

一、模型建立

（一）概念模型

地下水抽提取样过程中地下水流动的概念模型如图 4-9 所示。当进行抽提时，泵头的位置位于筛管处，泵的出水来自 4 个不同来源：套管内部的水，抽水前取样管内的水，筛管内部的水以及地层水。通常，套管内部的水被认为是不具有代表性的水，因为井顶部的水会受到大气的影响，水质参数和污染物在井内部会出现分层的情况[8-10]。抽水前取样管内的水由于内部原有空气与井内的水混合等因素，不具有代表性。地层水位于含水层中，能够代表地下水水质。然而，仍然不确定筛管部分的水是否能代表地下水水质。被动取样方法支持筛管内的水在平衡流的条件下可以代表地下水水质的观点，并且在检测非挥发性成分、重金属和农药时已经证明了被动取样的有效性[11, 12]。研究发现，当采用低流量取样法时，只有取样管会插入水中，因此筛管中的水仍然可以认为具有代表性。然而，当采用三倍体积取样法时，由于大流速会造成井水的剧烈混合，因此在这种情况下，筛管内的水将不再具有代表性。

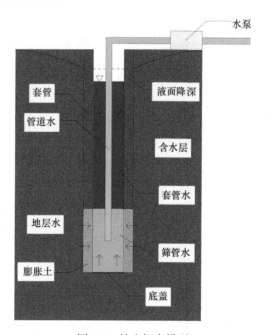

图 4-9　抽水概念模型

　　在本研究中，考虑到在实际条件下，当取样管深入取样时会导致部分套管内的水进入筛管，因此才在模拟中认为抽水口上方的水不具有代表性，而在抽水口下方和四周含水层内的水具有代表性。

　　本模型中，主要包括地下水流动模型以及井内物质迁移模型，通过这两个模型可以模拟地下水流动以及取样过程，其建立过程与第三章模型的建立过程相似，部分内容存在差异，为了不影响阅读的流畅性，本章保留与第三章重复的内容，具体如下。

（二）地下水流动模型

通过多孔介质的饱和流动控制方程由式（4-32）给出，它是从质量守恒（连续性方程）和达西定律[13]的基本原理发展而来的：

$$\frac{\partial}{\partial x}\left(K_x \frac{\partial H}{\partial x}\right) + \frac{\partial}{\partial y}\left(K_y \frac{\partial H}{\partial y}\right) + \frac{\partial}{\partial z}\left(K_z \frac{\partial H}{\partial z}\right) + W = S_s \frac{\partial H}{\partial t} \qquad (4\text{-}32)$$

式中，K_x 和 K_y 是 x 和 y 方向的渗透系数（m/s）；K_z 是 z 方向的垂直水力传导率（m/s）；H 是水头（m）；S_s 是土壤或水的储水量（m^{-1}）；t 是时间（s）；W 是每个单元格（s^{-1}）的源汇项，它可以通过以下等式计算：

$$W = \begin{cases} -\dfrac{Q}{V_{pump}}, & \text{有泵的网格} \\ 0, & \text{其他网格} \end{cases} \qquad (4\text{-}33)$$

式中，Q 是抽提流量（m^3/s）；V_{pump} 是水泵所在的单元格体积（m^3）。

式（4-32）适用于整个区域内，包括模拟井。模拟井被视为是具有极高渗透系数的单元格，因此式（4-32）能够模拟在井内的垂直流动。式（4-33）假定取样管深入至筛管内的某个位置，取样管末端所在单元格下方的水向上流动，而上方的水向下流动。式（4-32）、式（4-33）在本研究中由微分方程求解。

域的有限差分网格被分成 65 行、65 列和 25 层（总共 105 625 个单元）。使用可变水平网格间距，从井直径指定的最小值到流入和流出边界处的最大值 5 m。套管和筛管区域相对跨越 10 层，每个网格的长度由套管和筛管的总长度决定。在模型应用过程的默认设置中，筛管长度为 3 m，位于井顶下方 15 m 处。

整个区域内的水力梯度设置为 0.002m/m。在一些地点的地下水取样期间，脱水效果的影响可能很重要，而在本研究中，该影响被忽略了。这是因为在大多数情况下，与含水层深度相比，水头下降幅度相对较小，并且在本研究中，模型的上边界被视为不可渗透的边界。

井同样被视作单元格。井单元格与含水层单元格的不同之处在于，井内部单元格的水力传导率（K_{well}）应足够大，以便在井中的每个单元处提供紧密的液压头。

底盖位于筛管底部，则渗透系数为零，在套管的四周不透水，渗透系数也为零。同时，土壤通常表现出水力各向异性[14]，在本研究中，垂直与水平各向异性比率指定为 1:10。

由于土壤的储水率由其特征决定[15]，其取值是由井周围的土壤特征决定的，通常为 $10^{-4} \sim 2 \times 10^{-3}\,m^{-1}$。由于水的收缩率为 1，井内单元格的特定储存量可通过下式确定：

$$S_{s,k} = \frac{1}{nZ_k} \qquad (4\text{-}34)$$

式中，n 是井中的单元格数（个）；Z_k 是单元格数为 k 处的单元格高度（m）；$S_{s,k}$ 单元格数为 k 处的单元格储水率（m^{-1}）。

（三）井内物质迁移模型

在抽水过程中，会发生套管水、地层水向取样管末端所在位置流动的情况，从而与筛管水混合。同时，当水从土壤进入筛管时，流速在朝向泵吸入位置增加。一维平流扩散传质方程可用于描述抽提过程中浓度的变化情况，如式（4-35）所示。

$$D_A \frac{\partial^2 C}{\partial z^2} - \frac{\partial(UC)}{\partial z} + WC + \frac{Q_{\text{screen},k}}{V_{\text{screen},k}} C_{\text{aquifer}} = \frac{\partial C}{\partial t} \qquad (4\text{-}35)$$

式中，D_A 是物质的扩散系数（m^2/s）；C 是特殊物质的浓度（mol/m^3）；U 是水的速度，是时间和垂直位置的函数（m/s）；$V_{\text{screen},k}$ 是筛管中单元格的体积（m^3）；C_{aquifer} 是水层中研究物质的浓度（mol/m^3）；$Q_{\text{screen},k}$ 是从土壤进入筛管水流的流速（m^3/s）。

在井内流动模拟的过程中，扩散系数 D_A 是需要确定的关键参数。以往的研究表明，当地层水进入筛管时，采用低流量取样法的过程中会发生小规模混合扩散现象，扩散系数为 $2 \times 10^{-9} \sim 2 \times 10^{-6}$ m^2/s[6]。需要注意的是，D_A 会受流体流动的影响。根据泰勒扩散原理，剪切流可以增加物质的有效扩散系数，如式（4-36）所示。

$$D_{\text{eff}} = D\left(1 + \frac{1}{192}\text{Pe}^2\right) \qquad (4\text{-}36)$$

式中，Pe 为 Péclet 数，由于是传质过程，因此

$$\text{Pe} = \frac{Lu}{D} \qquad (4\text{-}37)$$

式中，L 为特征长度（m）；u 为局部流速（m/s）；D 为质量扩散系数（m^2/s）。由于 L 与 D 不变，因此 D_{eff} 与速度 u 有关，随时间变化。

套管水 U 的速度可通过以下公式计算：

$$U_{\text{casing}} = \frac{\partial H_{\text{well}}}{\partial t} \qquad (4\text{-}38)$$

式中，U_{casing} 是套管水的垂直速度（m/s）；H_{well} 是在时间 t 时井内的水头（m）。套管中的水在抽提过程中保持稳定，这在之前的实验中得到证实[6]。越靠近泵的位置，单元格中的流速越大，这是由于水从土壤进入筛管。从土壤进入井的液体

流速可通过以下等式计算：

$$Q_{\text{screen},k} = 4X_k Z_k K_x^* \left.\frac{\partial H}{\partial x}\right|_{x=x_s} = 8X_k Z_k K_{\text{sandpack}} \left.\frac{\partial H}{\partial x}\right|_{x=x_s} \tag{4-39}$$

式中，$Q_{\text{screen},k}$ 是编号为 k 的网格中水流从土壤含水层流入抽提井的流量（m³/s）；X_k 是该网格的横向长度（m）；K_x^* 是井壁土壤的横向水力渗透系数（m/d）；K_{sandpack} 是筛管附近级配沙的渗透系数（m/d），$K_x^* = 2K_{\text{sandpack}}$；$\left.\dfrac{\partial H}{\partial x}\right|_{x=x_s}$ 是井壁上地下水的水力梯度（m/m）。

（四）场地参数取值

对于整个研究区域，井深为 20 m，监测井直径为 5 cm，这与实际监测井的数据相符，渗透系数取 0.1 m/d（表 4-2）。此外，由敏感性分析发现在水平范围尺度较大时，边界范围的改变对于水头下降的影响很小，因此选择 130.7m×130.7m×25 m 对于最终的影响不大。

表 4-2　模型参数

参数	模型数值
井深（m）	20
井直径（m）	0.05
筛管长度（m）	3
渗透系数（m/d）	0.1
抽提速率（L/min）	0.3
储水系数（m⁻¹）	0.001
研究范围	130.7 m×130.7 m×25 m
水力梯度（m/m）	0.002
各向异性比	1∶10
扩散系数（m²/s）	2×10⁻⁶

二、通过模型对 HSLF 取样法的分析

（一）下降高度的影响

图 4-10 分别显示了采用低流量法、高流量法以及 HSLF 方法不同下降高度时的抽提效率情况。通过模型，对于低流量抽提速率（0.3 L/min），液面稳定时下降高度为 0.83 m；对于高流量抽提速率（3 L/min），液面稳定时下降高度为 8.3 m，因此选择液面降深为 1 m、3 m、5 m 时作为大流量转换为小流量的时刻，形成梯度，便于判断效率最高的下降深度。

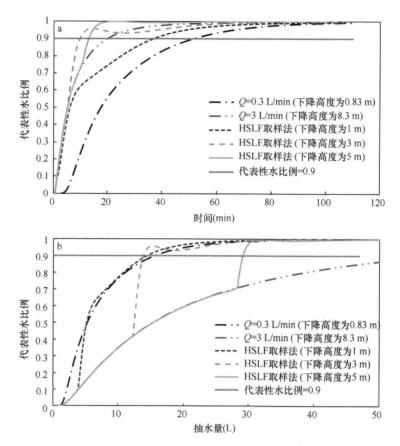

图 4-10　HSLF 取样法中液面下降高度对取样时间（a）与废水量（b）的影响

通过模拟结果发现，对于低流量抽提速率，收集的废水总量<16 L，但抽提出的水需要约 53 min 才能达到 90%是代表性水（图 4-10a）。另外，对于高流量抽提速率（3 L/min），仅需约 20 min 即可达到 90%的代表性水（图 4-10a），但收集的废水量要大得多（60 L）。图 4-10 还显示，在研究条件下，最佳的 HSLF 取样法是以 3 L/min 的初始流速进行抽提，直到液面下降达到 3 m，然后转换到 0.3 L/min 的低流量抽提速率。最佳的 HSLF 取样法使取样抽提时间缩短至 10 min，废水量减少至 14 L。

与低流量取样方法相比，HSLF 取样法使取样时间减少了 81.0%，废水量减少了 12.5%。与三倍体积（高流量）取样方法相比，最佳的 HSLF 取样法减少了 81.3%的取样时间（达到三倍井体积）或 66.7%的取样时间（达到 90%代表性水提取标准）。另外，该方法可以减少 91.2%的废水量（达到三倍井体积）或 76.7%的废水量（达到 90%代表性水提取标准）。

该方法能够显著减少取样时间和废水量。其原因在于，当液面达到所需的降深后，立刻转换为低流量进行抽提，此时，液面高度将不再迅速下降。这是因为在低流量取样期间进入筛网的水量等于或小于抽提的水量，因此，井内的水位将保持稳定或上升，套管水不再用于取样，使代表性水的比例突然快速增加，如图 4-10b 所示。

值得注意的是，对于下降高度为 3 m 的曲线，在 4 min 改变流量后代表性水的比例迅速上升，但是在 15 min 达到 95.8%的情况下出现一定的下降，在 26 min 时达到 93.3%。出现代表性水比例下降的过程，原因可能在于在 4 min 转换流量后，监测井四周的水进入井的速率大于抽提速率，因此在抽水口上方的水流全部向上，而抽提出的水都是来自下方具有代表性的水。随着时间增加，在液面稳定前，在抽水口上方的筛管内会出现一部分水向上流动，一部分水向下流动，而向下的水流会带来一部分非代表性水，因此代表性水的比例会出现一定的下降。这个现象在下降高度为 1 m 和 5 m 的曲线上都存在，但是现象不明显。其原因是对于下降高度 1 m，与小流量稳定液面下降高度（0.83 m）相近，转换流量后，水流反向速度不明显，代表性水增加的速率不够高，因此在出现下降趋势时，下降趋势不能抵消上升的趋势，整体趋势是上升的；对于下降高度 5 m，转换速率后，抽水口上方筛管中的水长时间保持向上的流速，当流速转换为向下时，抽水口上方筛管内的水基本上都来源于地层水，因此下降趋势有限。这种下降趋势对于抽水过程是需要注意的。因为当代表性水的标准变为 95%时，下降趋势会使得在部分时间内抽出的水不再是代表性水，但总体上可以说明，该方法有效提高了取样效率。

（二）抽提速率的影响

图 4-11 显示了 HSLF 取样法中不同初始抽提速率对达到 90%代表性水取样标准所花费时间的影响。在模拟的过程中保证 HSLF 取样法中下降高度不变（3 m），小流速不变（0.3 L/min），使用不同的大流速，与完全使用小流速低流量抽提方法进行对比。

从图 4-11a 可以看出，随着抽提速率的增加，抽提时间减少。当 HSLF 取样法初始抽提速率为 1.5 L/min 时，总抽提时间为 19 min，与低流量方法相比降低约 64%。当 HSLF 取样法初始抽提速率≥3 L/min 时，总抽提时间约为 10 min。图 4-11b 显示当 HSLF 取样法初始抽提速率为 1.5 L/min 时，在达到 90%标准时产生的废水体积比低流量抽提产生的废水体积大 48.7%。然而，当 HSLF 取样法初始抽提速率≥3 L/min 时，产生的废水量低于低流量抽提产生的废水量。考虑到取样时间和产生的废水量，可以认为在液面下降高度固定时，使用更高的初始抽提速率是有益的。

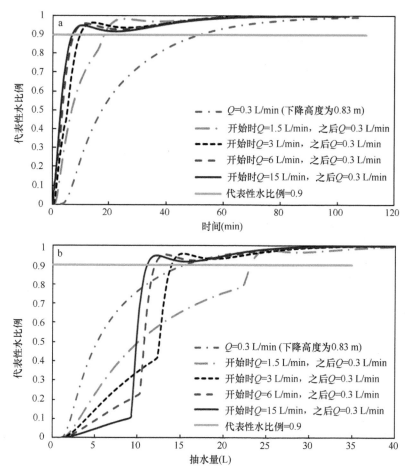

图 4-11　HSLF 方法中不同初始抽提速率对时间（a）与废水量（b）的影响

　　值得注意的是，在小流速与下降高度恒定的情况下，抽水代表性和大流速的关系与大流速所处的范围有关，如 1.2～3 L/min（1.2 L/min 是能够达到 3 m 降深的最小流速）。在这个范围内，抽到代表性标准 90%所需要的时间和产生的流量随大流量的改变变化很大。当超过这个范围时（Q>3 L/min），流量的变化对于抽水效率的影响很小（如 6～15 L/min），这种情况对于实际取样具有指导意义，即不需要将大流量设定太高，只需要超过上述范围边界即可。将大流量转换为小流量需要时间。流量越大，转换时间越长，这对于取样结果也会有一定的影响，降低设定大流量的取值有利于减少此类影响。

（三）渗透系数 K 的影响

　　由第三章可知渗透系数 K 对于取样效率有很大的影响。在这种情况下，对于不同渗透系数的土壤，HSLF 取样法对于抽水取样是否具有很好的效果是一个需要研究的问题。因此，本部分选择不同的渗透系数，将 HSLF 取样法与低流量取样法的效率进行比较。对于参数的选取，HSLF 取样法中大流量选择 3 L/min，小流量选取 0.3 L/min。由于对不同的渗透系数，相同流量的稳定降深是不同的，因此对于特定的渗透系数，本模型以 0.3 L/min 流量稳定时的降深为基准，当使用大流量达到基准降深的 4 倍时，迅速将大流量转换为小流量，继续抽水，直到抽取到代表性样品。

图 4-12 显示了不同渗透系数对于抽水时间和产生废水量的影响，由图 4-12a 可看出对于 K 很小的情况，使用 HSLF 取样法的取样时间远小于低流量取样法。当 K=0.02 m/d 时，使用 HSLF 取样法，代表性水样达到 90%所用时间是 29 min，

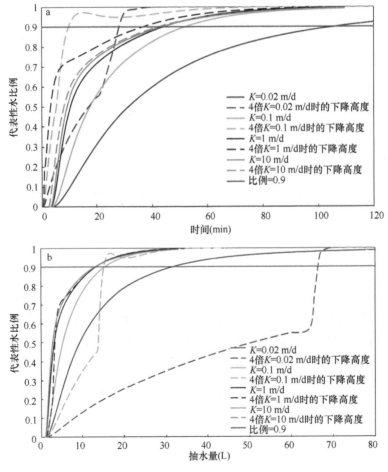

图 4-12　HSLF 方法中不同渗透系数对时间（a）与废水量（b）的影响

相比低流量取样法的 107 min，约减少了 73%；当 $K=0.1$ m/d 时，使用 HSLF 取样法，代表性水样达到 90% 所用时间是 9 min，相比低流量取样法的 52 min，减少 83%；而当 $K=1$ m/d 时，使用 HSLF 取样法，代表性水样达到 90% 所用时间只减少了 22%；当 $K=10$ m/d 时，两种取样方法的取样时间几乎没有变化。这说明对于渗透性很好的土壤，低流量取样法和 HSLF 取样法的取样时间相似，而对于渗透系数很小的土壤，HSLF 取样法能够显著减少取样时间。产生这种情况的原因，可能是在渗透系数大的情况下，液面下降深度很少，代表性水的比例迅速增加主要是通过液面反向上升引起的，而渗透系数大的土壤，反向上升的时间很短，会迅速达到稳定，因此影响不大；对于渗透系数小的土壤，反向上升的时间很长，这导致代表性水的比例迅速增加的时间很长，因此能够迅速达到 90% 的取样标准。

图 4-12b 显示不同渗透系数对产生废水量的影响。可以发现，在 $K=0.02$ 时，HSLF 取样法产生的废水量为 32 L，而低流量取样法产生废水 67 L，减少 52.2%。对于 $K=0.1$ m/d、1 m/d、10 m/d 的情况下，产生的废水量几乎没有变化，这与对获取代表性水样时间的影响有一定差别。

为了更清晰地描述不同渗透系数 K 对抽提时间、产生废水量以及成本的影响，做出柱形图，如图 4-13 所示。图 4-13a 显示当含水层 K 值较大（即 $1\sim5$ m/d）时，3 种方法达到 90% 的代表性水花费相同的时间。然而，当渗透系数很小（$K\leqslant0.1$ m/d）时，HSLF 取样法的抽提时间远低于其他方法。此外，图 4-13b 显示三倍体积取样法产生的废水量是最大的。当渗透系数很大时，低流量取样法和 HSLF 取样法在产生的废水量方面基本相似。然而，对于 K 很小的土壤（如 $K=0.02$ m/d），低流量取样法产生的体积最小。按照实际人工费（4 美元/min）以及废水处理费（2.5 美元/L）计算成本，如图 4-13c 所示，可以发现，HSLF 取样法在渗透系数很小时优于低流量取样法和三倍体积取样法；而在渗透系数较大时，成本与低流量取样法相近，优于三倍体积取样法。

（四）井内浓度梯度的影响

上述分析基于以下假设：含水层和井内筛管部分的污染物浓度相等，而井内套管中的污染物浓度为 0。因此，当大部分提取的水来自含水层和筛管中的水时，水可被认为是具有代表性的。然而在实际情况中，如果待研究的物质具有强扩散能力，则在井内的浓度分布也会对取样结果产生影响。为了检验模型中的这种效应，初始浓度在井中套管水表面设定为 10 mg/L，在井中套管水底部设定为 1 mg/L（线性梯度），并假设含水层中的浓度为 1 mg/L。图 4-14 显示了 HSLF（以 3 L/min 为初始抽提速度，0.3 L/min 为最终抽提速度，转换高度为小流量平衡下降高度的 4 倍）与低流量（0.3 L/min）和高流量（3 L/min）方法之间取样时间及产生废水量的差异。

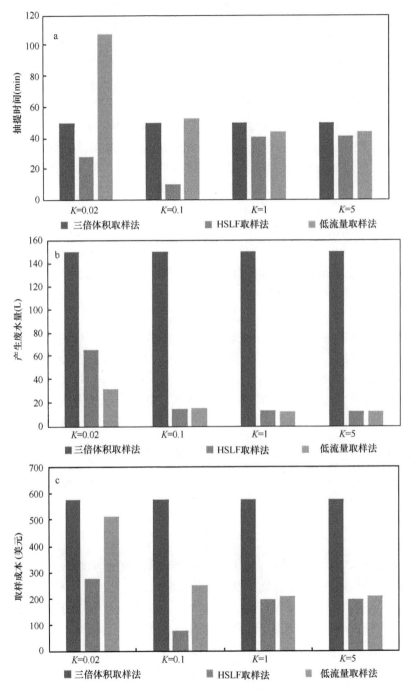

图 4-13　渗透系数 *K* 对三倍体积取样法、HSLF 取样法和低流量取样法的影响

a. 抽提时间；b. 产生废水量；c. 成本

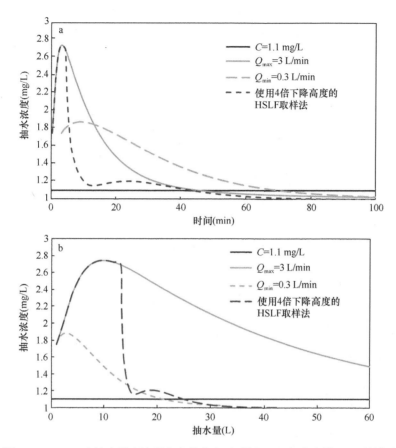

图 4-14 HSLF 方法在具有浓度分布的井中对时间（a）与废水量（b）的影响

如果假设在提取水和含水层水之间的差异≤10%（即在这种情况下≤1.1 mg/L）时达到代表性，则 HSLF 取样法的总洗井时间为 42.7 min，这类似于高流速（3 L/min）的抽提时间。然而，HSLF 的废水量远低于高流量的废水量，略低于低流量取样法的废水量。这表明 HSLF 取样法在具有浓度分布的井内依然具有优势。

第四节　本章小结

本章提出了一种新型变速的取样法，称为高应力低流量（high stress low-flow，HSLF）取样法。对于 HSLF 取样法的操作，最初使用大的抽提速率来抽提，当液面下降高度大于小流量稳态时的液面下降高度时，迅速转换成小流量进行抽提。该方法通过转换流速时在筛管中形成的逆向流速迅速增加具有代表性水的比例，进而大大减少取样时间和产生的废水量。

HSLF 取样法分别采用解析解模型和数值解模型进行验证。在解析解模型中，在密闭含水层中的全穿透大口径监测井中使用经典模型进行建模，将监测井的筛管区域概念化为完全混合反应器，以评估样品浓度。定义了两个比率以帮助量化样品的代表性：含水层进水流量与总抽提流量之比以及样品浓度与地层水浓度之比，相应地定义了两个时间尺度，即含水层响应时间尺度和井混合时间尺度。前者描述了含水层进水时间尺度，该时间尺度决定了进入筛管区域的进水速率，这是含水层参数（如储水系数和渗透系数）的函数，而后者量化了井内地下水混合发生的速度。结果表明，所提出的 HSLF 取样法对于受含水层响应时间尺度限制的系统更加有效，这种情况在野外取样的过程中常见。在这样的系统中，与井内的运输或混合相比，含水层需要更长的时间来响应泵速变化。因此，在转换流量的时刻，由于进入含水层流量缓慢变化，而抽提流量迅速变化，含水层流量比率 η_q 会迅速上升。通过这种方法，可以显著缩短取样持续时间，并且可以减少源自监测井内的废水量。在经典解决方案的基础上，该模型还提供了初步指南和图形工具来选择泵速比与转换时间。

在数值解模型中，模型对研究区域进行了网格划分，同时，对于地下水取样的控制方程进行离散，建立了地下水取样的数值方程。在模型的基础上，探究了各种因素对于该方法的影响，分别选取转换流速时的下降高度、初始抽提速率、渗透系数、井内浓度梯度进行探究。研究发现，对于转换流速时的下降高度，存在最优的下降高度使取样时间和产生的废水量均最小。在本模拟中，与低流量取样法相比，HSLF 取样法使取样时间减少了 81.0%，废水量减少了 12.5%；与三倍体积取样法相比，最佳 HSLF 取样法减少了 81.3% 的取样时间和 91.2% 的废水量；对于初始抽提速率，研究发现，小流量和下降高度不变时，大流量增加，取样时间和产生的废水量减少。但是当大流量增加到一定数值时，取样时间和产生的废水量基本不随大流量变化；对于渗透系数，研究发现 HSLF 取样法在渗透系数很小时优于低流量取样法和三倍体积取样法，而在渗透系数较大时，成本与低流量取样法相近，优于三倍体积取样法；最后，对于井内浓度梯度的影响，研究发现HSLF 取样法的废水量远低于高流量的废水量，略低于低流量取样法的废水量。这表明 HSLF 取样法在具有浓度分布的井内依然具有优势。

当然，应当注意到，作为概念验证的模型研究，本研究依然存在一定的不足。对于解析解模型，本研究考虑了理想的概念模型，该模型假设取样浓度为经过筛选的区域内的平均浓度，而忽略了井内的垂直传输和隔离。此外，还有许多其他因素可能会影响取样效果和代表性，如进水位置、将取样管插入井中时的干扰效应、监测井以及含水层中地下水物理和化学的非均质性，这些都可能影响取样的效果。而对于数值解模型，在模型中井内的流动被认为是一维流动，其中水平速度分布被忽略，同时没有考虑到含水层参数垂直分布的影响，认为含水层在垂直方向上是均质的。此外，对于潜水面的滞后排水方面也没有进行考虑。同时，无论是解析解模型还是数值解模型，都是在理想情况下对该方法进行验证，而为了进一步验证该方法，还应通过现场测试。

参 考 文 献

[1]Hou D, Luo J. Proof-of-concept modeling of a new groundwater sampling approach. Water Resources Research, 2019, 55(6): 5135-5146.

[2]Wang Y, Hou D, Qi S, et al. High stress low-flow (HSLF) sampling: a newly proposed groundwater purge and sampling approach. Science of The Total Environment, 2019, 664: 127-132.

[3]Papadopulos I S, Cooper Jr H H. Drawdown in a well of large diameter. Water Resources Research, 1967, 3(1): 241-244.

[4]Yeskis D, Zavala B. Ground-water sampling guidelines for superfund and RCRA project managers. Ground Water Forum Issue Paper, EPA, 2002.

[5]Martin-Hayden J M, Plummer M, Britt S L. Controls of wellbore flow regimes on pump effluent composition. Groundwater, 2014, 52(1): 96-104.

[6]Martin-Hayden J M, Wolfe N. A novel view of wellbore flow and partial mixing: digital image analyses. Groundwater Monitoring and Remediation, 2000, 20(4): 96-103.

[7]Qi S, Hou D, Luo J. Optimization of groundwater sampling approach under various hydrogeological conditions using a numerical simulation model. Journal of Hydrology, 2017, 552: 505-515.

[8]Chatelier M, Ruelleu S, Bour O, et al. Combined fluid temperature and flow logging for the characterization of hydraulic structure in a fractured karst aquifer. 2011, 400(3): 377-386.

[9]Mcdonald J P, Smith R M. Concentration profiles in screened wells under static and pumped conditions. Ground Water Monitoring & Remediation, 2010, 29(2): 78-86.

[10]Pauwels H, Négrel P, Dewandel B, et al. Hydrochemical borehole logs characterizing fluoride contamination in a crystalline aquifer (Maheshwaram, India). Journal of Hydrology, 2015, 525: 302-312.

[11]Berho C, Togola A, Coureau C, et al. Applicability of polar organic compound integrative samplers for monitoring pesticides in groundwater. Environmental Science and Pollution Research, 2013, 20(8): 5220-5228.

[12]Britt S L, Parker B L, Cherry J A. A downhole passive sampling system to avoid bias and error from groundwater sample handling. Environmental Science & Technology, 2010, 44(13): 4917-4923.

[13]Qi S, Hou D, Luo J. Optimization of groundwater sampling approach under various hydrogeological conditions using a numerical simulation model. Journal of Hydrology, 2017, 552: 505-515.

[14]Deng P, Zhu J. Anisotropy of unsaturated layered soils: impact of layer composition and domain size. Soil Science Society of America Journal, 2015, 79(2): 487.

[15]Domenico P, Schwartz F W. Physical and Chemical Hydrogeology. 2nd edition. Chichester: John Wiley & Sons, 1997.

第五章　地下水监测井建造与封填方法

监测井是地下水取样的必要设施。地下水取样是否具有代表性，与监测井的设计方法、施工过程等因素密切相关。监测井的施工一般包括土孔钻探、井管安装、环形空间密封、洗井等步骤，其中的每一步都会对从监测井中取出的水样产生影响。另外，在监测井确定报废后，需要采用合理的方式对其进行封填，以尽量减少监测井对地下水水质的污染。本章主要介绍了地下水监测井建造与封填的基本步骤，从而为地下水监测井的施工提供技术指导。

第一节　土 孔 钻 探

当计划打一口地下水监测井时，需要对打的土孔性状进行足够细致的考虑，包括如下方面：①钻孔方式；②土孔的直径；③井管外土孔内的环形空间；④土孔的排列；⑤土孔的总深度；⑥回填材料的选择；⑦洗井的方式。

一、土孔的钻探方式

下文的一些钻探方式可以用来进行地下水监测井的钻探。在所有的情况中，都需要优先考虑在钻探过程中成孔的钻探方法，如采用空心茎钻法和声波钻探法来进行钻井。在一些特殊的情况下，根据项目的需求，也可以采用一些特殊的钻探方式。

（一）空心茎钻法

一个典型的空心茎钻示意图如图 5-1 所示。空心茎钻由一个空心的钢阀杆或轴与一个连续的螺旋钢叶片组装而成，叶片焊接在外部。该钻头为一种通常带有碳化物齿的空心螺旋钻头，旋转时会扰动土壤，从而进行螺旋旋转，将土壤碎屑输送到地表。

图 5-1　空心茎钻示意图

采用空心茎钻法最适合打孔后土孔容易塌陷的情况。地下水监测井可以在空心钻里面进行建造，而不用考虑土孔会塌陷的问题。如果在打孔的过程中土孔中有塌陷的沙土，那么需要用钻机进行打孔，从而可以在打孔结束后将钻头从土壤中拔出。在钻头底部可以加入下胶塞、活门或者组件等，防止在钻探过程中土壤或者地下水进入钻头的底部。在钻探过程中，可以在空心茎钻中加入一些饮用水，以防止进入土孔的土壤质量最小。不能用水密封中心钻头，因为该钻头会在拔出的过程中产生吸力。该吸力会强制吸入碎屑或者使土壤进入空心钻内部，从而破坏建井的目的。通过使用旋转钻头钻出和洗涤塞子，或者用尺寸适合于空心杆螺旋钻内部的实心杆螺旋钻的塞子，实现从螺旋钻中去除土壤的目的。当在钻井过程中不需要采集土壤样品时，可以在下部使用胶塞。该胶塞被装在钻杆底部，在到达指定的深度后，通过钻管或者套管和筛管的安装过程将该下胶塞从钻杆中进行脱离。胶塞的材质需要和套管和筛管的材质相兼容。不能采用木头做的胶塞。在进行钻孔活动之前，胶塞的材质、活门或者组件的使用均需要通过一个较有经验的地质学家的认可才能正式实施。采用空心茎钻的钻孔深度可以达到 45 m 或者更深的深度，这由螺旋钻的尺寸决定，但通常情况下，土孔的钻探深度小于 30 m。

（二）实心茎钻法

一个典型的实心茎钻示意图如图 5-2 所示。该螺旋钻采用外部有螺旋叶片、内部密封的空心钻或者实心钻来进行打孔。在钻杆底部连接有螺旋钻头，该钻头可以在旋转的过程中破坏土壤的结构，通过螺旋叶片将土壤碎屑带至地表。

图 5-2　实心茎钻示意图

当采用实心茎钻进行钻探时，当钻头到达了指定深度后，整根钻杆需要从土孔中移出，从而获得想要的土孔。实心茎钻法适用于致密或者半致密的土壤，在这样的土壤中，即使把螺旋杆拔出，土孔也不会塌陷。采用这种方法打的土孔可以达到 60 m 或者更深的深度，这取决于螺旋钻的尺寸，但通常来讲土孔的深度一般会小于 45 m。

空心茎钻法和实心茎钻法均适用于松散的土壤或者半松散的土壤（风化岩石）

中，但是不适用于强岩层中。每种钻孔方式在钻孔的过程中均不需要其他材料，如水或者钻井液等，从而减少了可能产生的交叉污染问题。减少钻孔过程中的交叉污染是选择合适的钻孔方式中需要考虑的一个最重要的问题。

（三）声波钻探法

一个典型的声波钻探设备示意图如图 5-3 所示。

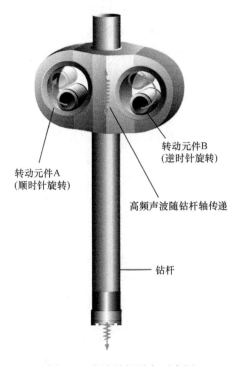

图 5-3　声波钻探设备示意图

该钻探法在采用旋转法进行垂向钻孔的过程中，沿着钻杆的方向也会产生振动。在茎钻向下前进了一段距离后，内部的套管连同钻探过程中的土壤一起被移除，而外部的套管仍然保留在土孔中，从而保证土孔始终处于张开的状态，因此可以从内部套管中取到完整的土芯，从而可以检查打井区域地层的分布情况。因为在该钻杆外没有螺旋叶片可以扩大土孔的直径，与螺旋钻探法相比，该钻探方法可以最大程度地减少从土孔中移除的土壤的质量。在中等程度的旋转状态，土孔四周的土壤中释放出来的气体量有所降低。这种钻探方法适用于很多地层条件，从流沙到高度致密的或者硬结的土壤中均可以使用。

在由流沙构成的土壤中，钻头外的套管可以用纯净水进行填充或者加压，从而防止在钻探的过程中有外界的土壤进入钻杆中。声波钻探法和其他钻探法采用相同的质控方法。由于可能加入土孔的纯净水的量较大，因此需要对加入的饮用水的量进行记录，从而为后续洗井过程中的抽水量提供参考。

采用声波钻探法对较深的含水层进行钻探时，允许安装一根临时的大孔径的套管，并在大的套管中进行钻孔。在进行灌浆的过程中，需要移除临时的套管。在很多场合，这样的操作是可以接受的。然而，这样的操作不是在含水层中插入永久性的套管，因此需要特别注意上部含水层的污染情况、下部含水层是否需要被作为饮用水源、承压含水层的渗透性和连续性以及当地的法律法规等因素。需要注意的是当采用临时套管的方法进行钻孔时，选择混合合适的泥浆，同时放置在指定的位置上是非常重要的。

在采用声波钻探法进行钻探的过程中，由于钻的土孔直径比内部安装的套管直径大，在填充滤料时，需要特别注意将套管放置在钻杆的中间位置。在绝大部分情况下，当在深井中需要插入 PVC 的套管时，需要采用套管扶正器来加速中心对准的过程。

（四）旋转钻探法

该钻探法包括一根钻杆，在钻杆底部有可以旋转和切割土壤的钻头。在钻探过程中产生的土壤碎屑通过钻井液传输至地表，钻井液一般包括水、泥浆或者空气。水、泥浆或者空气通过外力被强制注入井管中，并自土孔的钻头部位流出土孔中。在流体流动的作用下，土孔中的土壤碎屑从土孔内壁和井管外壁的缝隙中被抬升至地表。一个常见的采用泥浆作为钻井液的旋转钻探法示意图如图 5-4 所示。

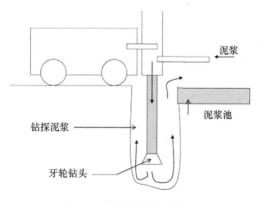

图 5-4　旋转钻探法示意图

除气体以外，其余形式的钻井液（包括水、泥浆等）均可以提供一个水力上的压力，从而防止土孔出现塌陷的现象。当采用该钻孔方法时，需要着重注意的一点是评估注入的流体或者气体中可能存在的污染物，防止出现交叉污染的现象。

由于采用了不同的钻井液，因此需要评估采用的旋转方式给这些钻井液带来的交叉污染的程度。当采用市政管网的水作为钻井液时，可能会发生痕量的卤代烃化合物污染土壤的现象。如果使用气体作为钻井液，那么可能由于使用了润滑剂或者在气流中产生的其他物质而产生污染。除非污染源被完全去除，否则钻井液的循环流动会给含水层带来较大的交叉污染的风险。在采用旋转钻探法或者声波钻探法的过程中，需要注意选择合适的材料来防止钻杆螺纹受到损坏。

1. 用水作为钻井液

当采用水作为钻井液时，需要采用的是不含有目标污染物的饮用水。如果现场没有饮用水或者其他高纯度的水，则需要将饮用水输送到现场，或者采用其他钻探方法。水不会阻塞含水层的介质，但是在钻探过程中带出的悬浮细颗粒可能会进入含水层，导致后续的洗井变得异常困难。该方法最适合在单独的套管中应用。

2. 用空气作为钻井液

空气旋转钻探法采用空气作为钻井流体，从而产生剪切力，并将土壤带至地表。在采用空气旋转钻探法时，需要具有较大的气体流速和气体体积，同时需要较大马力的空气压缩机。可以采用垂直向下敲打气流的方法来快速击穿基岩材质的地层。在松散的地层中，当需要一根额外的套管来防止土孔发生塌陷时，套管可以与钻杆同步进入地层中。

当采用空气旋转钻探法在可能受到污染的地层中进行钻探时，对于带至地表的土壤必须进行合适的处理。可以采用双管反向旋转法进行钻探，使得带至地表的土壤落入两根管的中间，同时用旋风分离器进行分离。也可以采用气体分流器，在气体分流器后面连接软管，通过软管输送剪切的土壤碎屑到放置固体废弃物的容器中，从而对受污染的土壤进行收集。

当采用空气旋转钻探法时，必须重视通过气流带入土孔的污染物。螺杆式压缩机应该有一个具有较好工作状态的联合过滤系统，从而过滤掉空气中可能携带的压缩机油。当采用空气旋转钻探法时，在垂直打孔中使用的润滑剂和在钻杆中使用的螺纹润滑剂可能对地下水样品造成一定的污染，这一点在分析样品的污染物浓度数据时同样需要考虑。

3. 用泥浆作为钻井液

采用泥浆作为钻井液的旋转钻探法是一种不受欢迎的钻探方法，这是因为污染物可能会随着加入的泥浆一起进入土孔中，从而在土孔中产生交叉污染。另外，在钻探结束后，将泥浆钻井液从土孔中移除较为困难，而且将污染物在洗井的过程中移除也是较为困难的。泥浆钻井液同时也会携带污染物，将污染物从一个受污染的区域传输至一个不受污染的区域，从而造成土孔内的交叉污染。如果确定采用泥浆作为钻井液，则泥浆应该仅由饮用水和不含任何添加剂的膨润土组成。所有使用的材料都应该进行详细的记录，包括制造商的建议和产品的组成成分。从循环系统中出来的钻井液和饮用水的样品都应该进行质控，从而确保输送泵和管路系统不会由于之前使用过而造成新的交叉污染。

（五）其他土孔钻探方法

其他土孔钻探方法包括冲击钻机钻探法、喷射法等。如果这些方法想要应用在土孔的钻探上，需要经过具有丰富场地经验的地质学家的认可。

二、土孔钻探中需要注意的问题

监测井的土孔半径需要足够大，以便可以放入筛管和套管。另外，在监测井外需要预留一些环形空间，用来安装一些其他可能的管道，如填砂导管和探测管等。一般而言，该环形空间的宽度应该能够放得下一根内径为 1.5 in 的混凝土导管，同时能够保证过滤填料和环形密封材料的浇注。该环形空间的宽度需要满足如下条件：套管和土孔壁之间的距离不小于 2.5 in，但环形宽度不能大于 5.0 in。当环形缝隙的宽度大于 5.0 in 时，可能会影响成井后井的正常使用，同时也会使得浇注在环形缝隙中的混凝土更容易受到温度的影响而损坏。

当需要得到较为精细的地层结构，或者目标地层的位置非常严苛时，土孔的钻探排列成为一个非常重要的因素，它可能影响地下水取样结果。可以采用地倾斜仪或者类似的工具来排布土孔位置。当地下水水位较浅时（地下水水位深度小于 60 m），土孔的排布对最终地下水取样结果的影响不大。因此，通常情况下，不需要花额外的费用进行土孔偏移调查。然而，当需要知道精确的地层分布情况时，最好进行土孔的偏移调查。

地下水监测井的深度是由当地的水文地质条件和监测目的所决定的。例如，地下水监测井可以用来测定当地的地下水水位，此时监测井的深度需要在地下水水位以下，或者在含水层的底部。通常来讲，土孔的深度不宜过深。对于地下水监测井而言，土孔的最低位置到筛管最下沿之间的距离应该小于 30 cm。然而，有时可能由于地质开采的需要或操作失误，土孔的深度比设计的深度打得深。土孔的底部必须进行密封，否则容易产生垂向的优先流通道。在这样的土孔内建造的地下水监测井中进行取样时，容易造成采集的地下水样品来自地下水更深层，从而导致样品不具有代表性。因此，在土孔建造完成后，需要在土孔底部回填一些低渗透性材料，如水泥和膨润土泥浆的混合物。在高渗透性地层中，地下水的垂向优先流没有那么明显，此时可以在土孔底部回填一些沙子，也可以起到土孔底部防渗的作用。

三、土孔钻探时的安全防护措施

在进行土孔钻探前，应该制订出一个保证工人在场地健康和安全的计划，该计划应该在土孔钻探时严格执行。钻井工人或者被指派的安全员应该对钻井队安全负责。所有一个人执行的钻井活动都应该遵守钻探和安全的相关规定。在开始进行任何钻井活动前，市政公用设施保护组织应该清楚即将开始的钻井活动。在发达地区，需要采取一些额外的措施来保证钻井的位置下面没有公用设施。在正式钻孔前，需要先用手钻钻一个 0.9 m 左右深的土孔，确保下方没有未被发现的公用设施或者埋藏的物品。在一开始钻探时，需要极为小心，直到钻探达到了一定的深度，再往下通常没有公用设施为止。在钻井过程中需要遵守的安全守则有：①所有的钻井人员都必须戴安全帽、安全眼镜和钢脚趾靴。在钻井的过程中通常需要耳塞，这些物品由负责安全的办公室或者钻井成员提供。②当在场地工作，或者在操作钻井设备时，需要戴上手套（棉手套、皮手套等）。③所有戴上耳塞的工作人员都应该知道哪里有紧急制动开关，从而在出现紧急情况时可以及时停止设备。④在钻杆运动时，所有的工作人员都应该与其保持一定的距离，并且不能用手握住钻杆，也不能用工具触碰钻杆，直到钻杆彻底停止旋转为止。应该用活塞杆刮垢器，而不是手套或者裸露的手从土孔中拔出的钻杆里移除泥浆或者其他材料。⑤在进行标准穿透试验时，或者在用榔头敲击地层时，不能用手握住钻探或者其他任何安全锤组件。⑥当钻架正在工作时，不要试图去扶正倾斜的钻架，也不要将手放在钻架后部的活动组件附近。⑦钻孔的区域附近应没有多余的垃圾、工具或者其他钻探设备。⑧钻探工人应知道全部的钻探活动。钻探工人不会参与钻井场地外的任何工作。如果有条件，所有的钻探活动都需要向熟悉该场地的地质学家或者工程师进行咨询。⑨每个钻井场所都需要配备一个急救箱和一个灭火器，这些物品都需要放在能够快速拿到的地方，以防出现意外事故。所有的钻井工人都需要熟知这些物品的放置位置。⑩工作服需要坚固、合身，穿着舒服，并且没有皮带、较为宽松的衣袖、带子等一些容易卷入钻机活动部位的配件。⑪在钻机附近操作时，不应该佩戴戒指、手表或者其他珠宝首饰。⑫钻机至少需要和头顶的电线和埋藏的物品保持 6 m 的距离，否则可能会产生安全事故。除此之外，当作业场地上方有闪电时，不应该启动钻井设备。当在钻井的过程中出现了闪电和暴风雨时，所有人员都应该撤离，直到安全后才能返回。

第二节 地层条件控制

在地质调查中，很重要的是进行足够的地层学的控制。USEPA 推荐每个土孔都需要进行连续的土壤取样。当不太容易对土孔进行连续取样时，可以选择性地对土孔中的土壤进行取样，选择的土孔编号和位置都应该代表研究区域的地层结构，并且契合研究的目标区域。对于那些没有连续采集土壤的土孔而言，USEPA 推荐对任何可能发生地层岩性改变的地点均进行土壤样品的采集。对于那些以后要安装地下水监测井的土孔而言，必须至少在未来监测井的筛管位置采集一个土壤样品。

土孔样品需要在采集完毕后，按照岩性或者土壤性质进行分类。必须注意对于任何地层，尤其是不透水层，需要采集它们的土壤样品，这样才能反映真实的土壤地层结构。

打井人员需要通过土壤性质推断出地下水水流方向，以及垂直地下水水流方向的土壤地层结构。土孔数量和位置的描述要足够充分，这样才能刻画影响污染物迁移的地层结构。地层的截面信息需要根据打井的成井资料来进行推断。通过成井资料推断的地层结构需要与现有的描述地层结构的资料进行对比，从而验证成井资料的准确性。USEPA 推荐在复杂的地层结构上，需要记录土孔的地层分布信息和地表信息，同时采用圆锥指数仪来测定土壤地层结构，辅助构建地层信息。当进行这样的调查时，需要注意的是打井方法和井的套管、筛管的位置等因素可能会影响对地层信息的描述。例如，采用电阻率的方法探测地层信息就不能应用在井的套管位置上。

第三节 套管和筛管安装

井管包括套管和筛管两部分，材质一般为钢铁。这两部分通过焊接或者其他连接方式进行连接。井管通过一个很重的套筒打压而进入土孔中，或者通过起重机吊起一个很重的重物打击井管来进行安装。随着井的位置的不断深入，每 1.2～1.5 m 就可以在地面上增加新的套管。

在进行井管安装的过程中，会碰到一些常见的问题。首先，很难将井管放入致密的粉土、黏土或者含有卵石的地层结构中。如果强行将井管插入这样的地层中，井管的筛管位置可能会在安装的过程中被破坏。其次，土壤中的粉粒和黏粒可能会堵塞筛管的缝隙位置，从而导致地下水无法进入井管中。

井管中的套管和筛管有各自的功能：①提供了一种从地面采集地下某个深度水样的方法；②可以防止土孔塌陷；③特定深度的套管可以阻止地下不同含水层之间的水质交换。

一、套管和筛管的材料选择

地下水监测井的套管和筛管的材质需要满足如下要求：①在使用期限内，需要保证套管和筛管的材质是完整并且耐用的，对地下水中的各种化学物质的腐蚀和微生物的降解作用具有较强的抗性。在井管安装、洗井、填充滤料和水泥砂浆、成井和取样的过程中，该材质能保持较好的机械强度，不变形。②该材质不会改变地下水中的化学成分，特别是对待检测指标没有影响，不能出现化学物质的吸附、解吸或者淋溶现象。例如，若重金属铬是待检测的污染物，那么套管和筛管的材质就不能改变地下水中铬的浓度。任何从套管或者筛管中淋溶出来的化学物质都不能作为待检测的目标污染物，否则井管会对这种物质的浓度检测造成干扰。

通常来讲，绝大部分的套管和筛管都是在打井之前就事先做好了，并且套管和筛管的材料性能主要集中在结构的强度、长期暴露在天然的地下水环境中的耐久性和操作的便捷程度。对地下水监测井的套管和筛管的材料选择需要考虑如下因素：①地层环境；②地质化学环境（包括土壤和地下水）；③预期的井深；④可疑污染物的种类和浓度；⑤地下水监测井的设计寿命；⑥地下水监测井是抽水还是注水设计。在任何情景下，这些因素都需要以足够的场地调查作为基础。

USEPA 不推荐采用历史资料来确定井管的材质。在一片布有地下水监测井的区域中，调查者可以采用不同的筛管和套管材料，这取决于这些点位采集的地下水中污染物的种类和浓度。除此之外，调查者需要进行场地实验，验证套管和筛管管材选择的合理性。最常见的评价套管和筛管材料在地下水监测井中性能的指标包括：①强度；②化学耐久性。下面对这两个性能指标进行简单的介绍。

（一）井管强度有关特性

井的套管和筛管材质应该在使用期限内在环境中保持结构完整性和持久性。在监测井安装和使用的过程中，监测井的套管和筛管应该可以抵抗住外力的影响，包括由土孔中悬浮物产生的作用力，灌浆、洗井、抽水、取样过程中产生的作用力，以及由井管四周的含水层施加的压力。当评价一个套管的强度时，需要考察3个相关指标：①抗张强度；②抗压强度；③抗坍塌强度。

材料的抗张强度定义为在没有拉伸力的情况下，材料可以承受的最大拉伸压力。抗张强度随着材料的组成、制造工艺、连接种类和套管尺寸的变化而变化。对于地下水监测井而言，其选择的套管和筛管材料应该具有一个相当的抗张强度，从而可以在将套管从土壤上方吊入土孔的过程中支撑套管束。套管中间连接处的抗张强度与套管自身的抗张强度一样重要。由于套管的连接处是套管束中最为薄弱的环节，因此套管连接处的强度决定整个套管的最大轴向负载，同时也能计算出一根干的套管束在土孔中悬挂的最大深度。当土孔中的套管部分被水填充后，由于浮力的作用，可以增加套管悬挂的最大深度。

材料的抗压强度定义为材料在没有发生形变的情况下可以承受的最大的压缩压力。一根空的套管所能承受的抗压强度比一根安装在土壤中、中间已经灌浆或者回填的套管所能承受的抗压强度小很多。这是因为受到压缩压力时，若井管附近存在灌浆或土壤，由井管承受的压力会由于土壤之间的摩擦作用而大大减小。这种摩擦力的存在决定了套管的材料比其自身的厚度更能影响其抗压强度。

与抗张强度一样重要的指标是抗坍塌强度，该强度与套管和筛管材料选择有关。抗坍塌强度指的是在套管安装和安装结束后，套管可以抵抗由于外力产生的导致坍塌的负载。

一个套管的抗坍塌强度主要取决于套管的外径和壁厚。套管的抗坍塌强度与套管壁的厚度成正比。因此，套管的抗坍塌强度随着套管壁厚度的增加而增加。另外，套管的抗坍塌强度同样受到了套管材质其他特性的影响，包括套管的坚硬程度和抗屈强度。

套管和筛管最容易在安装时发生坍塌，尤其是在套管外围放置填料和环形密封材料之前。然而，当一个套管已经被正确地安装并完成洗井后，套管坍塌就很少发生了[2]。额外的可能导致套管坍塌的负载包括：①当井管外的静止水位比井管内的静止水位高时产生的静态水压力；②由于不均匀地填充回填土和过滤材料时产生的不对称的负载；③不稳定的土壤结构导致的不均匀的挤压力；④之前环绕在套管四周的回填材料被突然移走；⑤在一根部分浸没在地下水水面下的套管中，水泥泥浆造成的压力及水化所释放的热量对套管的作用力；⑥过度抽提地下水造成的套管内水位的过度下降；⑦在洗井过程中，井内地下水水位下降幅度过大造成的套管内外巨大的压力差；⑧由于安装地下水监测井的流程不合适，造成套管需要抵抗一个不垂直的土孔，或者需要强制克服浮力造成的压力。

在上述负载中，只有外部的静态水压力是可以预测的，并且可以进行精确的计算。其他压力只能通过常识和较好的操作来避免。为了给所有的常规操作和负载留下抗坍塌的余量，套管需要具有比其所需要抵抗的坍塌力更大的强度，从而可以抵抗外部静态水压力的作用。根据 Purdin[3]所述的内容，减少套管坍塌的步骤包括：①钻一个垂直、干净的土孔；②缓慢、均匀地将填充材料填充到井管四周；③对于热塑性材料，避免使用速干型水泥，因为这种水泥在水化时会产生较多的热量；④在水泥中掺杂一些沙子，从而降低水泥在水化中释放的热量；⑤在洗井的过程中，控制井内的负压不致过大。

（二）井抗化学腐蚀的有关特性

监测井的套管和筛管的材料应该在它们的使用寿命期间内保持一定的结构完整性，同时在环境中保证一定的耐久性，即在地下水中，地下水监测井的套管和筛管应该可以抵抗化学和生物的腐蚀及降解作用。其中，金属套管和筛管最容易被腐蚀，热塑性套管和筛管最容易受到化学降解的作用。这些腐蚀作用的发生程度主要取决于地下水含水层的特性，以及以地下环境中化学性状的改变程度，如交替在氧化和还原环境中转换的程度。套管材料的选择需要基于地下水的化学性质，由于地下水的性状只有在进行取样和分析后才能得到，因此在确定套管和筛管的材质前必须进行地下水水质的分析，这对整个地下水监测系统的构建也是至关重要的。当地下水的化学特性未知时，应该小心地选择一些保守的材料，这些材料在绝大部分地下水环境中都能保持稳定。

（三）井与地下水的化学交互有关特性

地下水监测井的套管和筛管材料不能改变地下水的化学特性，尤其是待检测的指标不能由于井管的吸附、解吸或者淋滤等化学过程而发生改变。如果套管的材料会从地下水中吸附某些化学物质，那么这些化学物质可能不会在样品中存在，或者在样品中的浓度会有所降低。另外，如果该处地下水的化学性质会随着时间而发生改变，之前吸附在套管中的化学物质有可能会解吸或者淋滤到地下水中。在这种情况下，地下水的样品会变得不具有代表性。

当套管材料或者石英砂等过滤材料吸附了地下水中的溶质后，会降低地下水中相应溶质的浓度，有可能使该溶质的浓度低于检测限或者相关管理条例的下限，从而导致在描绘污染物的污染羽时出现误差[4]。合适的取样法可以降低套管吸附或者解吸化学物质的影响，如果采用贝勒管进行取水，则很难有效地将废水抽除。而合适的取样法可以降低井管吸附化学物质的影响，这主要取决于这些过程在土孔、滤料、井内的速率和幅度，同时也取决于样品暴露在井管材料中的时间。

当套管材料中含有具有化学活性的物质时，这种化学物质会从套管的材质中释放。如果发生了这个过程，即使地下水中不含该化学物质，也可能在地下水样品中检出。因此，选择的套管材料应该考虑到它与天然和人为导致的地下水地球化学环境之间的关系。

对于套管的材料，目前关于其吸附和解吸的系统性研究较少，而关于 PVC 吸附水泥的持久性[5]及铁管腐蚀的问题则研究较多。

关于井管材质对地下水中无机物和有机物浓度的影响目前仍然没有明确的结论，并且不够完整。常见的可以作为套管材质的有：①含氟的聚合物材料，包括聚四氟乙烯（polytetrafluoroethylene，PTFE）、四氟乙烯（TFE）、氟化乙丙烯（fluorinated ethylene propylene，FEP）、全氟烷氧基（perfluoroalkoxy，PFA）和聚偏二氟乙烯（polyvinylidene fluoride，PVDF）；②金属材料，包括碳钢、低碳钢、镀锌钢和不锈钢（型号 304 和 316）；③热塑性材料，包括聚氯乙烯（polyvinyl chloride，PVC）和丙烯腈-丁二烯-苯乙烯（acrylonitrile-butadiene-styrene，ABS）。除了上述 3 类被广泛使用的材料以外，在地下水监测井中，人们有时也使用玻璃纤维增强塑料（FRP）。然而，玻璃纤维增强塑料没有在世界范围内大规模推广使用，因此关于这种材料的性能目前获得的数据还很少。下面对某些主要的材料进行介绍。

1. 含氟的聚合物材料

含氟聚合物是一种人工合成的材料，它是由很多单体（有机物分子）聚合而成的，其可以通过粉末冶金技术被磨成粉末，也可以在受热的情况下进行挤压。含氟聚合物一般在技术上被归类为热塑性塑料，但与其他的热塑性塑料相比有一些特殊的性能。含氟聚合物对于化学和生物的侵蚀、氧化、风化及紫外线辐射都相当稳定。它们具有一个相当大的适用温度（最高到 288℃），同时具有一个高介电常数。它们具有一个小的摩擦系数，同时具有防黏的特性。相比绝大部分其他的塑料和金属，含氟聚合物材料具有更好的热延展性。

目前，在市场上有一系列不同品牌的含氟聚合物材料。聚四氟乙烯（PTFE）最早是由杜邦公司在 1938 年发明的。PTFE 的特性包括一个很大的可以承受的温度范围（−240～288℃），对任何固体材料均有一个很低的摩擦力[6]。因此，到目前为止，PTFE 是一种应用最为广泛的含氟聚合物。氟化乙丙烯（FEP）同样由杜邦公司发明，是仅次于 PTFE 的第二广泛使用的含氟聚合物材料。除了其可以承受的最高温度比 PTFE 低了 55.6℃以外，其余的指标基本均为 PTFE 的 2 倍。制造由 FEP 制成的货物速度比制造由 PTFE 制成的货物速度快很多，因为 FEP 更容易熔化且便于加工，但制造 FEP 的原材料价格也更高。全氟烷氧基（PFA）融合了 PTFE 和 FEP 的最佳性能，但是 PFA 的造价比 PTFE 和 FEP 都要高。聚偏二氟乙烯（PVDF）比之前所述的一些含氟聚合物要更加坚固，同时具有更好的抗磨损性和耐辐射能力。但是，PVDF 比 PTFE 和 PFA 能够承受的最高温度更低一些。

当在使用含氟聚合物时，需要注意识别产品的商标。有一些生产厂商在不同的货物上都应用了同样的商标。例如，杜邦公司就在几种不同的碳氟树脂上面都印了"TEFLON®"的商标，然而这些商品实际上都有不同的物理特性和不同的制造过程。这些商品在应用时不是都可以随意替换的。

Aller 等[1]和 Nielsen[7]总结了一些关于 PTFE 的优点和缺点。其中，PTFE 作为地下水监测井的套管和筛管材料，具有如下优点：①适用的温度范围很广；②很容易用机器切割、制模和挤压。

PTFE 作为套管和筛管材料，具有如下缺点：①可能会与水中的溶质发生吸附/解吸作用；②只有上面有狭缝的套管才适合作为筛管材料；③由于 PTFE 具有较好的延展性，因此在筛管的进水口的狭缝可能发生部分位置闭合的现象；④PTFE 具有较好的柔韧性，因此可能会导致井管发生弯曲的现象；⑤PTFE 不易黏接的特性可能会导致井管外的密封材料密封性不好；⑥PTFE 材料单位长度可以承受的强度较低；⑦PTFE 的套管和筛管材料不适合进入土壤中。

只有当井管是由 PTFE 材料制成时，才会存在井管结构强度不够的问题，这样的问题也称为"冷变形"。在一个恒定的压力作用下，如在整个套管上施加一个持续的负荷，则 PTFE 就很容易发生塑料形变（也就是在负荷被移除后该形变无法恢复）。另外，在筛管的位置上，施加负荷会导致筛管的缝隙部分或者完全闭合，从而使得井管的使用功能完全失效。但仅当井管深度较深（深度大于或等于 75 m）时，上述才可能成为一个问题。在浅井中，PTFE 的抗压缩特性是较强的，从而可以有效地防止塑料形变的发生。

如果 PTFE 材质需要被用在深井中，结构强度的问题可以通过在筛管中切割较宽的缝隙来避免。较宽的缝隙可能会在冷流的作用下发生轻微的收缩，但是它们不会完全封闭。通过加入滤料，有可能改造 PTFE 材料，使其适用于制造套管。滤料可以使 PTFE 的抵抗冷流的能力变成原先的 2 倍，从而可以限制在筛管中发生的形变。

2. 金属材料

可以用在监测井的套管和筛管中的金属材料包括碳钢、低碳钢、镀锌钢和不锈钢。由这些金属材料制成的套管和筛管一般比热塑性塑料、含氟聚合物及玻璃纤维强化的环氧树脂材料更加坚固、坚硬，且对温度更加不敏感。金属套管材料的强度和坚固程度可以承受任何在地下水监测环境中所面临的地下环境，但是金属材料由于长期暴露在特定的地球化学环境中而容易发生腐蚀。

腐蚀性定义为由于化学作用而使一种材料的强度下降或遭破坏的现象。金属套管及金属筛管的腐蚀会缩短地下水监测井的使用寿命，同时导致地下水样品的分析结果出现偏差。因此，非常重要的一点就是选择那些抗腐蚀的材料作为套管和筛管的材料。

目前已经发现了一些腐蚀金属材料的形式。在所有的机理中，腐蚀是通过电子化学反应进行的，并且是水与金属接触时需要考虑的一个必要的因素。根据 Driscoll[8]所陈述的内容，在安装了套管和筛管的环境中，经常发生的腐蚀形式有如下几种：①全面的氧化及锈蚀金属表面，导致金属表面出现较为均匀的破坏，同时在局部出现部分穿孔的现象；②选择性的腐蚀（脱锌作用）或者是合金中某一种元素的流失，导致材料的结构完整性受到破坏；③双金属腐蚀，在两种金属的交界处附近，由于构成了原电池，从而产生了腐蚀；④由于锈斑或者穿孔的存在，发生麻点腐蚀，或者局部的腐蚀，该腐蚀几乎不会导致其他区域的金属发生流失；⑤压力腐蚀，或者在金属承受很大压力的区域发生的腐蚀。

为了确定金属材料发生腐蚀的潜力，首先需要确定地下环境中的地球化学条件。如下是一些可以帮助辨认地下水腐蚀潜力的水质指标[8]：①低 pH 环境，如果地下水的 pH 小于 7.0，则地下水是酸性的，容易发生腐蚀现象；②高的溶解氧浓度，如果地下水中的溶解氧浓度超过了 2 mg/L，则表明地下水具有腐蚀性；③存在硫化氢（H_2S），当地下水中的硫化氢浓度仅有 1 mg/L 时，就可以引起严重的腐蚀现象；④总溶解性固体（total dissolved solid，TDS），如果地下水中的 TDS 大于 1000 mg/L，则地下水的电导率就已经大到可以产生足够严重的电解腐蚀现象；⑤二氧化碳（CO_2），当地下水中的二氧化碳浓度超过了 50 mg/L 时，就容易发生腐蚀现象；⑥氯离子、溴离子和氟离子的浓度，如果地下水中的氯离子、溴离子和氟离子的浓度超过了 500 mg/L，则容易发生腐蚀现象。在有上述几种特征的情况下，一般而言就会加速腐蚀的发生。

碳钢在一开始制造的时候是为了提高其在空气中的抗腐蚀能力。这种较高的抗腐蚀能力需要将碳钢放置在水或者干燥的空气环境中。在绝大部分的监测井中，地下水的波动在周期和振幅上都不明显，从而为碳钢提供了抗腐蚀的环境。在这种情况下，在地下水的非饱和区和饱和区，抗腐蚀的碳钢和低碳钢的区别就可以忽略了，这两种材料可以认为具有相同的腐蚀速度。

抗腐蚀的碳钢和低碳钢中含有铁元素、锰元素、痕量的金属氧化物，以及不同种类的金属硫化物[9]。在氧化的环境下，主要产物是固体的水合金属氧化物。在还原环境下，可能会产生高浓度的溶解性金属腐蚀产物[9]。虽然电镀锌会给碳钢或者低碳钢增加抗腐蚀的能力，但在许多环境中这种提升是细微的、短暂的。镀锌钢表面腐蚀的产物包括铁、锰、锌和痕量的钙[9]。

腐蚀发生的表面会给许多化学反应和吸附作用提供潜在的场所。这样的表面反应会导致地下水样品中溶解态的金属或者有机物的浓度发生显著的改变。根据 Barcelona 等[9]的研究结论，即使在地下水取样前弃去一部分废水，该操作也不足以减小样品测定时的误差，因为很难估计表面镀的氧化物或者在监测井底部积聚的腐蚀产物对样品测定结果的影响。根据这些观测结果，在大部分水文地球化学环境下，不推荐在地下水监测井的建造过程中采用碳钢、低碳钢和镀锌钢作为套管和筛管材料。

相反，不锈钢在绝大部分的腐蚀性环境中都表现良好，尤其是在氧化环境中。

实际上，不锈钢需要暴露在氧气中才能获得最大的抗腐蚀能力。氧气会与不锈钢合金结合，从而在不锈钢表面形成一层不可见的保护膜。只要该保护膜保持完整，不锈钢的抗腐蚀能力就很强。然而，如果将不锈钢长期放置在腐蚀性的环境中，也可能会导致不锈钢受到腐蚀，从而导致地下水样品受到铬和镍的污染。生物活动同样会改变不锈钢表面的地球化学特性。铁细菌会促进不锈钢套管和筛管的腐蚀与降解。

目前，有多种不同的不锈钢合金可以选择。最常用作地下水监测井套管和筛管的不锈钢合金是 304 型和 316 型合金。304 型不锈钢合金从抗腐蚀能力和成本的角度来说是最为实用的。其含有略多于 18%的铁和不多于 0.08%的碳[8]。铬和镍提供了 304 型合金优秀的抗腐蚀性能，低的含碳量使得这种合金具有较好的焊接性。316 型合金在元素组成上与 304 型合金较为类似。唯一不同点是 316 型合金含有 2%~3%的钼，该成分取代了 304 型合金中等量的铁。这样的组成变化使得 316 型合金具有更强的抗硫化物和硫酸腐蚀的能力[9]。316 型合金在还原状态下比 304 型合金的抗腐蚀性强。另外，316 型合金比 304 型合金具有更强的抗锈斑或者小孔腐蚀的能力。

套管和筛管不锈钢材料的优点包括：①在很广的温度范围内都有很好的强度；②随时可用；③使得筛管与地下水的接触面积很大；④可以打入土孔中。

套管和筛管不锈钢材料的缺点包括：①在某些地球化学和微生物的环境下可能发生腐蚀；②可能会使地下水中含有一些金属离子（铁、铬、镍、锰）；③单位长度质量较大。

3. 热塑性材料

热塑性材料是人工合成的材料，其由不同的大分子量的有机分子所组成。这样的组分导致热塑性材料在加热的情况下会变软，而在冷却的时候又会变硬。因此，该材料可以轻易地进行模塑或者挤压，从而可以制成不同的形状，包括套管、筛管、设备及附件等。地下水监测井的套管和筛管中最常用的热塑性材料是聚氯乙烯（PVC）和丙烯腈-丁二烯-苯乙烯（ABS）。

PVC 塑料是通过将 PVC 树脂与不同种类的稳定剂、润滑剂、染料、滤料、增塑剂和加工助剂等进行混合而制成的。这些添加剂的添加量可以进行调整，从而制造出在特定情景中应用的不同性能的 PVC 塑料。

根据 ASTM（美国测试与材料协会）标准分类 D1785 条款，通过材料的特性对 PVC 材料进行了严格的分类[10]。PVC 材料的分类特性包括：冲击强度、张力强度、坚硬程度（弹性系数）、温度变异系数和耐化学腐蚀性能。ASTM 标准分类 F-480 条款将具有热塑性的地下水监测井套管和管箍按照标准尺寸比例进行了细分。该标准认为用 PVC 制成的地下水监测井的套管可以由有限的单元分类材料制成,主要是 PVC 12454-B 型材料,同时也包括 PVC 12454-C 型材料、PVC-14333-C 型材料和 14333-D 型材料。

ABS 塑料主要由 3 种单体制成:丙烯腈、丁二烯、苯乙烯。这 3 种组分的比例和它们互相组合的方式可以灵活变化,从而制造成具有不同性能的塑料。丙烯腈主要提供了坚硬性、冲击强度、化学抗腐蚀性和耐热性等性能。丁二烯主要提供了强度。苯乙烯主要提供了坚硬性、光滑及容易制造的特性。用于制造监测井套管的 ABS 材料是一种坚硬、坚固、未增塑过的聚合物,其有较好的耐热性和抗冲击强度。

在监测井的套管中,通常会用两种 ABS 材料:①高强度、高硬度、具有中等抗冲击强度的 ABS 材料;②低强度、低硬度、具有高抗冲击强度的 ABS 材料。根据 ASTM 标准分类 F-480 条款,这两种材料被编号为 434 型和 533 型 ABS 材料。在地下水监测井中,当在井四周进行水泥灌浆时,在水化的过程中会产生大量热量,从而使温度升高,因此 ABS 材料展现出来的良好的耐热性使得其作为井管材料很有优势。

Aller 等[1]描述了关于热塑性材料的一些研究进展,包括其受到降解的影响、污染物在热塑性材料表面发生的许多吸附/解吸过程等。热塑性材料中可能产生的化学影响,包括吸附过程和化学降解的来源:①套管制造中采用的单体(如氯乙烯单体);②在制造套管时可能用到的不同的添加剂,包括增塑剂、稳定剂、填充物、染料和润滑剂等。关于这些材料对化学干扰的影响和重要程度目前还不是很清晰,可能会随着场地条件的改变而发生改变。考虑到材料中某些组分的化学干扰,由 PVC 材料制成的监测井套管可能会吸附某些化学物质,这需要引起重视。

PVC 材料作为套管材料的优势包括:①绝缘,并且完全耐电化学腐蚀;②质量较轻,方便安装;③需要较少的养护;④较容易进行切割和连接,具有较强的灵活性和可操作性;⑤有较好的耐磨性;⑥单位长度具有较好的强度和较轻的质量;⑦制作过程简单、快速;⑧可以让筛管有较大的接触面积。

PVC 材料作为套管材料的劣势包括:①在某些有机溶剂浓度较高的地下水中可能发生降解,尤其是小分子的有机溶剂,包括酮类、胺类、醛类和含氯烯烃和烷烃;②在高压力差下可能会破裂(如在浪潮冲击下),比金属套管材料的坚固程度要差一些;③若将热塑性的 PVC 材料长时间置于紫外线照射(套管的地上部分)或者低温环境下,可能会导致 PVC 材料变脆,并且使材料逐渐丧失抗冲击强度;④如果暴露在高温下,则会容易发生破损(当用水泥作为环形填充材料时);⑤不适合打入管井。

在某些特定的情况下,一个地下水井可能会使用不止一种材料。例如,当不锈钢材料或者含氟聚合物材料被应用到特定的场合时,可以在某些不关键的部位采用 PVC 材料来降低建造的成本。尤其对于深井,这样的改造可以节省成本。在深井的建造中，只有井底部的材料对地下水取样水质会造成很大的影响，而井的上部则对取样结果影响较小，因此井的上部可以采用 PVC 材质。然而，在混合材料组成的地下水井中，不建议采用不相似的金属作为混合材料来构建地下水井，除非这两种金属材料之间可以用绝缘材料加以阻隔[11]。

二、套管和筛管的直径选择

各种标准中一般规定的是套管的外径，套管管壁厚度的改变会影响套管的内径。对于任何一个给定直径的套管，井壁的厚度随着标准编号的增加而增加。名义上，2 in 的套管具有 2.375 in 的外径。管壁厚度也会发生变化，对于型号为 5 的井管而言，其壁厚为 0.065 in；对于型号为 80 的井管而言，其壁厚为 0.218 in。这意味着对于名义上 2 in 的 PVC 套管而言，其内径可能为 2.245 in（型号 5），也可能为 1.939 in（型号 80）。同样地，管壁的厚度也会随着管直径的变化而发生改变。由于 80 型的 PVC 管比 40 型的 PVC 管壁厚，因此作为地下水监测井的材料，80 型 PVC 管比 40 型 PVC 管具有更长的使用寿命。

一个衡量套管强度比较好的指标为标准尺寸比（standard dimension ratio，SDR）。标准尺寸比是井管的壁厚和井管的直径比值。该指标直接和管道能承受的压强相关。标准尺寸比相似的管道具有相似的承压能力。因为套管的承压能力是一个非常重要的指标，因此规定一个标准尺寸，为选择套管提供了一个简便的方法。

虽然地下水监测井套管的直径由监测井的目的所决定，套管的选择也需要和里面放置的潜水泵的尺寸相适应，但还有一些因素可能会影响套管直径的选择，包括：①钻孔或者井管安装所采用的方法；②预计的井深度和井管的强度；③预计的成井方法；④地下水取样前需要抽出水的体积；⑤抽水后地下水恢复的速率；⑥预计的在含水层所进行的实验内容。

为了减少在取样前需要抽出的废水体积，USEPA 要求，在实际取样中井的直径应为 5 cm 或者 10 cm（针对井的深度小于 60 m 的情况）。当需要在一个点进行重复取样，或者筛管的深度在含水层深部时，有必要采用大直径的地下水监测井。当考虑是否采用大直径的监测井时，调查者需要考虑直径大小给取样前需要抽走的废水体积所带来的影响，一些地层结构的影响（如土壤中是否有低渗透地层），以及大直径的井可能会使井中的水位和水质恢复到初始状态的时间增加等因素。

三、套管清洗要求

井的套管和筛管材料在使用前均需进行清洗，防止其中含有的污染物对地下水可能造成的污染。所有的套管和筛管材料均应在建井前采用不含磷的洗涤剂或者高纯水进行清洗。可以采用热加压水，如利用蒸气来去除套管和筛管中可能含有的有机溶剂、油或者润滑剂等物质。在需要对地下水中的 VOC 进行检测的场地，对井的套管和筛管的清洗最后应该包含一个使用没有经过氯消毒的去离子水或者饮用水的漂洗步骤。当套管和筛管完成清洗后，它们应该被放在一个不含潜在污染源的场地中，以免再次受到污染。

四、套管连接步骤

对于套管和套管之间，以及套管和筛管之间的连接，目前只有有限的几种方法。最终采用的连接方法取决于套管的种类，以及套管连接处的种类。常见的金属管之间的连接方式有螺纹平接法、终端套头接法和平端套管接法等。常见的塑料管之间的连接方式有平接法、螺纹冲洗接法、终端套头接法、平端套管接法等。

（一）金属套管的连接

对于金属套管的连接，目前有两种可以选择的方法：①加热焊接法；②丝扣连接法。两种方法都会形成一个内壁和外壁都相对光滑的套管束。

当采用加热焊接法时，接头可能与套管一样坚固，甚至比套管更坚固，从而增强了套管束的抗张强度。加热焊接法的缺点包括：①更长的组装时间；②当套管已经处于垂直状态时，采用热焊接法较为困难；③在焊接处更容易发生腐蚀现象；④当存在容易爆炸的气体时，易发生燃烧。

因为焊接存在上述一些问题，因此对于金属套管和筛管而言，丝扣连接法是更常见的套管之间的连接方法。丝扣连接法提供了一种便宜、快速和方便的连接方法，同时减少了受到潜在的化学腐蚀的风险，也减少了发生爆炸的风险。在连接套管前，将金属的内管外包上含氟聚合物胶带会增强连接处的防水性能。采用丝扣连接的一个缺点是会降低套管强度的 70%。但套管强度的降低通常不是问题，因为对于直径较小的套管而言（如传统的地下水监测井井管），强度足够，另外金属套管自身有一个较好的初始抗张强度。

（二）热塑管和含氟聚合物管的连接

对于用热塑管和含氟聚合物管制成的套管及筛管而言，最为常见的连接方式是丝扣连接。对于这两种管而言，模塑的机械丝扣有不同的形态，包括标准丝扣、平头丝扣等。由于绝大部分的制造商都有它们各自的丝扣型号，因此不同制造厂商的丝扣可能并不能兼容。如果丝扣之间不匹配，在套管安装时及安装后，套管的连接处可能会漏液体或发生破损。

含有丝扣接头的套管在拧到其他套管上时，会在套管内和套管外都形成一个齐平的接缝。由于该接缝通常很小，因此不需要管箍的套管最好应用在地下水监测井的建造中。在地下水监测井安装的过程中，接头处的内管和外管的直径应该保持整齐，并且尺寸应该匹配。如果直径不一致，则会在使用严密的井下设备时产生问题（如洗井工具、取样或者移除废水所需要的设备等）。一个不均匀的外管直径会在填充滤料和环形密封材料时出现问题。相比连接处有均匀外径的情形，外径不均匀的问题会在套管或密封的连接处加剧地下水的混合[12]。

由于所有的地下水监测井的套管接头都应该防水，因此套管连接处的拧紧程度需要参考制造商的建议。如果丝扣处拧得过紧，可能会导致套管结构的破坏。当采用丝扣连接时，在将丝扣的公头和母头连接在一起之前，可以在外面缠绕上含氟聚合物胶带，从而增强连接处的防水性，也可以在连接处加上 O 型圈来增强额外的安全性。

在地下水监测井的建造过程中，不能在热塑管中采用溶剂来进行连接。如果用溶剂进行连接，则该溶剂会流动至套管其他干净的位置上。当水泥湿润时，将两根套管进行连接，会让流动的溶剂渗透并软化两根套管的连接处表面。当水泥固化后，两根套管被连接在一起。在采用溶剂进行套管连接时，由于溶剂本身也是有机化合物，因此会对地下水样品的检测结果产生不利的影响[1]。

第四节　井内结构设计

对于井的筛管及附近填料的制造和填充，设计者需考虑如下因素：①筛管的深度应该在含水层的目标深度附近；②尽可能减少抽水过程中土壤颗粒进入井中，从而造成井中水质浊度升高的现象；③保证建筑材料的强度，从而避免在筛管位置发生结构坍塌现象。

一、筛管设计

井的筛管长度一般根据取样的目标深度加以确定。为了防止特定深度的地下水样品发生垂向的稀释，井的筛管长度需要足够短，拦截可能存在的污染羽，这一点在高渗透系数的含水层中尤其重要。通常来讲，井的筛管长度不能大于 3 m。但是，如果建设地下水监测井的目的是观测地下水水位的变化，或者探测是否在地下水水面存在 LNAPL，那么就需要一个更长的筛管来探测可能发生的地下水水位的季节性波动，或者探测可能存在的 LNAPL 的厚度。同时，不能使地下水监测井成为一个污染物在地下环境中迁移的优先流通道，否则容易造成之前属于不同地下水单元的污染物混合。

　　筛管缝隙的宽度需要保证在抽水过程中至少有90%填充在筛管外的滤料仍在筛管外，而没有被水流代入筛管中；对于天然成井的地下水监测井而言（没有在筛管外填充滤料），则要确保至少有50%筛管外的土壤没有随着水流流入地下水监测井中，除非打井人员认为采用更大尺寸的筛管缝隙同样可以保证抽出的水浊度小于5 NTU。然而，USEPA强调即使经过了外层土壤的过滤，获得的地下水样品的浊度已经满足了要求，也不能在设计不合理的地下水监测井中进行地下水样品的采集。另外，地下水监测井的筛管必须通过工厂的机器进行生产，任何人工制造的筛管在任何条件下都不能被用在地下水监测井中。

二、滤料设计

　　填充在土孔和筛管之间的材料应起到过滤作用，从而阻止在地下水取样过程中来自土壤中的颗粒进入筛管中。通常需要在每个监测井的筛管外都填上人工滤料，然而，如果该地层主要由岩石构成，则地下水监测井不需要筛管，同样也不需要滤料。但这仅仅是一个特殊情况，绝大部分的地下水监测井均需要筛管和滤料。

　　人工滤料是最常用的一种滤料。具体而言，当发生如下情况时，就应该使用人工滤料：①天然的地下水含水层土壤的级配现象不佳；②地下水监测井的筛管长度较长，或者筛管的位置跨越了高度分层的地层结构，这些地层结构的土壤粒径差异很大；③天然土壤主要由粒径均匀的细砂、粉土或者黏土组成；④天然土壤中含有较薄的夹层；⑤天然土壤由胶结的砂岩组成；⑥天然土壤有很多裂隙，这样的裂隙组成了很多优先流通道；⑦天然土壤由页岩或者煤炭组成，这些材质会源源不断地释放微小颗粒来提升地下水的浊度；⑧土孔的直径比井管的直径大很多。只有当天然土壤具有较好的级配性质，且土壤的粒径较大时，才能采用天然土壤作为滤料。

　　一般而言，填充在筛管外的人工滤料应具有化学惰性。最好的化学滤料是工业生产的分级石英砂。其他任何材质的沙子，如果需要用作滤料，则必须进行阳离子交换量和 VOC 的检测，以确保其不会影响地下水的水质。在主要由砾石组成的含水层中，也可以采用细砾作为滤料。然而，由于细砾也必须具有化学惰性，因此其不能具有化学活性，同时其表面也不能被一些具有活性的金属氧化物所包覆。由纤维织物构成的滤料是不允许使用的，因为它们容易堵塞筛管，同时也可能具有一定的化学活性。

　　大部分的地下水监测井都建在较浅的含水层中，一般含水层中均含有不同比例的黏土、粉土和沙土。因此，需要对地下水的滤料进行特殊的设计，从而使得该滤料可以实现过滤水质的目的。在一些对场地的地层特点缺少经验的情况下，滤料和地下水监测井的设计应该依据土壤筛分实验，其中进行筛分实验的土壤应该从地下水监测井附近的含水层中进行采集。

在一些主要由细砂（粉土、黏土）构成的含水层中，由于土壤粒径过小，按照常规的方法确定地下水监测井筛管管外相应的滤料和筛管的开缝宽度较为困难。在这些情况下，若选择的筛管开缝宽度为 0.010 in，则应该选择的滤料为 20～40 目的沙子；若选择的筛管开缝宽度为 0.005 in，则应该选择的滤料为 100 目的沙子。表 5-1 提供了细砂构成的含水层中相应的滤料参数。

表 5-1   滤料填充参数

筛管开缝宽度（in）	0.005	0.010
滤料级配沙目数	100	20～40
d_1（in）	0.0035～0.0047	0.0098～0.0138
d_{10}（in）	0.0055～0.0067	0.0157～0.0197
d_{30}（in）	0.0067～0.0083	0.0197～0.0236
d_{60}（in）	0.0085～0.0134	0.0200～0.0315
滤料的均匀系数	1.3～2.0	1.1～1.6

如下步骤应该应用在由粗砂构成的含水层监测井滤料的设计上。

通过土壤筛分实验的结果应该最终制成一张土壤粒径分布图。通过土壤颗粒的粒径分布曲线，需要确定土壤颗粒的粒径均匀系数（Cu）。Cu 的定义如式（5-1）所示：

$$Cu = \frac{d_{60}}{d_{10}} \tag{5-1}$$

式中，d_{10} 为过筛重量占 10%的粒径；d_{60} 为过筛重量占 60%的粒径。土壤颗粒的粒径均匀系数 Cu 是评判土壤粒径均匀程度的指标。例如，当 Cu 值较接近 1 时，表层土壤颗粒的粒径基本一致；当 Cu 较大时，表明土壤颗粒的粒径较为不均匀。通常来讲，作为筛管外滤料的 Cu 值应该小于 2.5。

当设计滤料和筛管的开缝宽度时，需要考虑如下几个因素：①筛管的开缝宽度应该阻止 90%的滤料进入监测井中；②应该尽可能减少地下水通过滤料流入监测井内过程中的水头损失，同时需要防止土壤中过多的沉积物（包括沙子、黏土和粉土）随水流入监测井中；③不能使用均匀系数较大的滤料，这样会导致较小的滤料颗粒流入较大的滤料颗粒的缝隙中，从而减少了滤料之间的缝隙空间，也给地下水流入监测井增加了阻力，因此应尽可能采用粒径较为均匀的滤料；④滤料应该根据土壤含水层中最细的颗粒来进行设计。

设计滤料的步骤包括：①通过对土壤颗粒的粒径分析，形成一张土壤颗粒的粒径分布图。滤料的设计应根据土壤粒径中最细的颗粒来决定。②通过土壤粒径分布图，得到 d_{30} 的值。根据土壤的粒径组成，将该值乘以一个 4～9 之间的系数（滤料-含水层比值）。当土壤颗粒由细砂组成且粒径分布较为均匀（Cu 值小于 3）时，需要将 d_{30} 乘以 4。当土壤颗粒由粗砂组成且粒径分布较不均匀时，将 d_{30} 乘以 6。当土壤颗粒中含有粉土且粒径分布高度不均匀时，将 d_{30} 乘以 9。随着滤料-含水层比值的减少，地下水流过滤料产生的水头损失逐渐增加。为了使设计出的滤料稳定且具有较小的水头损失，可以将 d_{30} 乘以 4。③在土壤颗粒的粒径分布图上，在 d_{30} 对应的粒径上方加上步骤②中得到的点，然后通过该点作一条光滑的曲线，且使得滤料的均匀系数大约为 2.5。④在步骤③得到的曲线上方和下方均按照正负误差为 8%的比例作另外两条光滑的曲线，这两条曲线对应的滤料的均匀系数同样为 2.5，在这两条曲线之间的范围为允许的滤料的级配曲线范围。⑤根据可以阻挡 90%的滤料进入筛管的原则，确定合适的筛管的开缝宽度。

土壤粒径分析和滤料设计的相关步骤与程序可以通过土力学资料、地下水资料和地下水监测井的资料获得。相关的地质学家和工程师应该对自己设计的地下水监测井负责，熟练掌握地下水监测井滤料及筛管的设计流程。

滤料填充后需要防止形成地下水短流以及滤料堵塞筛管现象的发生。当填充位于地下水水位以下的滤料时，需要用导管将筛管外的土孔缝隙填充满。只有在地下水监测井相对比较浅且滤料具有较为均匀的粒径分布，同时可以连续地将滤料填充到筛管外的情况下，才允许采用重力将滤料直接倒入筛管外土孔的缝隙中。

填充到筛管和土壤壁之间的滤料的宽度至少应为 5 cm。滤料需要填充到高于筛管上部至少 60 cm 的位置上。在一些深井中，填充的滤料在刚填充不久可能没有被压实，但随着上部其他材料的填充，下部的滤料开始被压实。在一些井深大于 60 m 的深井中，需要将滤料填充到筛管上端大于 1.5 m 的位置。填充的滤料量需要在填充前进行精确的计算和记录，同时实际使用的滤料量在成井过程中也需要进行记录。对于任何实际使用的滤料量和理论计算的滤料量的差异都需要进行合理的解释。

在填充密封剂之前，需要在滤料上填充 30～60 cm 具有化学惰性的细砂，防止密封剂流入滤料中。应保证滤料及细砂填充的位置在监测区域中。如果填充长度过长，滤料连通了目标含水层和其他含水层，则会形成短流，导致地下水取样时来自其他含水层的污染物进入井管中。

三、环形密封材料设计

合理的地下水监测井的密封可以保证地下水样品不受污染。充足的密封材料可以防止密封材料中形成导管，从而形成额外的污染物的迁移。最常用的两种地下水监测井的密封材料是水泥和膨润土。与筛管材料相同，地下水中的密封材料也应具有化学惰性。通常来讲，密封材料的渗透系数需要比含水层与监测井接触的渗透性最差的土壤的渗透系数低 1～2 个数量级。同样地，密封材料的体积在填充前事先进行计算，同时在填充过程中也应对实际使用的密封材料的体积进行记录。对于任何实际使用的密封材料用量和理论计算的密封材料用量之间的差异也要给出合理的解释。

当筛管完全浸没在地下水液面以下时，在筛管外的滤料上需要至少加入 0.6 m 高的密封材料，如生的膨润土（含有大于 10%的固体）。在深井中（井的深度大于 9 m），可以通过混凝土导管在深井的井壁外侧加入密封材料，如颗粒膨润土、膨润土小球或者膨润土碎片等。在浅井中（井的深度小于 9 m），也可以直接将这些材料通过重力加入井管外的土孔缝隙中。将膨润土直接通过重力加入缝隙中可能会由于膨润土过早的水化现象而产生桥接现象，从而在膨润土中出现缝隙。在浅井中，可以采用土壤夯实来阻止桥接现象的发生。

在密封膨润土上部到距地面 1 m 以内的地方，需要在井管外到土孔壁之间的缝隙中填充干净的水泥或者收缩补偿的水泥。如果要填充的材料是以泥浆的形式存在，如水泥灌浆或者膨润土泥浆，则需要借助混凝土导管，用泵在缝隙中进行填充。混凝土导管的末端需要安装一个分流偏移器，防止冲下来的混凝土泥浆在滤料中冲刷形成一个洞。膨润土密封材料在填充前需要完全水化，并且按照使用者的特殊要求进行处理。使膨润土密封材料完全水化的时间取决于所使用材料的性质以及特殊的外界环境，但一般至少需要 4～24 h。完全水化的膨润土在缝隙中进行填充后可以防止更黏和更加具有化学反应活性的灌浆密封材料进入筛管所在的高度中。

当采用膨润土作为密封材料时，应根据环境来选择合适的黏土，要考虑黏土的离子交换容量、渗透性以及黏土与环境中可能的污染物的兼容性。钠盐膨润土是使用较为广泛的一种密封材料。当钠盐膨润土与自然环境或者环境中的目标污染物不兼容时，可以使用其他没有化学添加剂的工业级膨润土。例如，在含有碳酸钙的沉积物和土壤中，使用钙盐膨润土会更加适合，因为钙盐膨润土减少了离子交换容量。黏土中含有的氯盐、酸、乙醇、酮和其他极性物质的浓度越低，则黏土的密封性能越好。如果这些物质的浓度在黏土中较高，则需要考虑换另外一种密封材料。

当环形密封材料必须填充在土壤的非饱和区时，在这些区域可以采用净水泥浆或者收缩补偿的水泥。不推荐将膨润土作为一种环形密封材料，因为膨润土的湿度没有高到可以完全水化的程度。在填充非饱和区的环形空间时，要避免填充钙盐膨润土。若填充钙盐膨润土，则钙离子会和氢氧根离子产生黏土的絮凝，从而减弱了膨润土的膨胀能力。膨润土同样会弱化水泥，减弱它的压缩强度。控制收缩的一个较好的方法是采用收缩补偿的添加剂。但同时也需要考虑添加收缩补偿添加剂可能释放大量的水化热。

四、特殊结构的地下水监测井设计

在如下两种情况下，可能需要对地下水监测井的结构进行特殊的设计：①取样人员决定用特殊的采样泵来采集地下水样品；②在地下环境中存在 LNAPL 或 DNAPL。

专用的地下水取样泵可以由碳氟树脂或者不锈钢材料制成，同时需要征得上级管理部门的同意。独立设计的地下水取样系统需要经过含水层的抽水实验、抽水井的维护和地下水水位的测定等一系列检测。独立设计的地下水取样系统需要进行定期的检查，确保里面的设备都在正常运行。通过该系统采集的地下水样品需要进行评估，从而判断该系统的运行情况，同时设备也需要定期检查以防止受损。

当地下环境中存在 LNAPL 或者 DNAPL 时，需要设计特殊结构的地下水监测井来获取含有 LNAPL 或者 DNAPL 的地下水样品。在这样的情况下，监测井中的筛管位置应跨越地下水的液面，到达地下水中的隔水底板，然而更常见的做法是在地下水监测井中设计多层筛管，配备多个地下水取样管，获取不同深度的地下水样品。当采用多个地下水取样管时，一个取样管对应的筛管需要覆盖 LNAPL 所在的地层深度，另一个取样管对应的筛管需要覆盖 DNAPL 所在的地层深度。其他筛管可以在含水层的其他深度分布。

五、临时监测井设计

目前，共有 5 种安装临时地下水监测井的技术，应根据场地的种类选择合适的技术。项目领导和场地的地质学家需要对可能的临时地下水监测井技术进行试验，然后选择一种最佳的技术方案。临时地下水监测井较为省钱，同时可以进行快速安装，可以提供一个大概的地下水水质指标。

临时的地下水监测井通常不会在地图中进行标注，同时它们的深度也可能不会进行记录。在临时监测井四周可能填充或者不填充滤料，但是通常不会用膨润土、泥浆进行密封，也不会有地表完井措施，甚至不会有额外的洗井步骤（这些材料和步骤都是建永久井所需要的）。临时监测井通常在几小时内完成安装、抽出废水、取样、移除和回填的步骤。

在建完临时监测井后，抽出的地下水的浊度往往都较高。但该问题可以通过采用低流量抽除井管内的水来解决。

临时地下水监测井可以在建完井后第二天进行样品的采集，但是井的安全性必须得到保障，要防止井被故意破坏，以及在井外的环形空间内落入有害物质的事情发生。如果在建完临时井后不能马上进行地下水样品的采集，则需要在取样前进行洗井。

5 种临时地下水监测井的建造方法按照建造从易到难的顺序介绍如下。

（一）没有滤料的井

这种井是最为常见的临时监测井，通过该井进行取样通常是十分高效的。当土孔完成后，只要将套管和筛管简单地插入土孔中即可。这是一种最为便宜和快捷的建井方式。但是，这种监测井对地下水的浊度非常敏感，因为它四周没有滤料。需要注意的是，不能在抽除废水和取样时扰动套管。

（二）内部有滤料的井

这种井在筛管内装填了滤料，直到滤料的高度比筛管上沿高大约 0.15 m 为止。这样的措施保证了进入套管的水都经过了滤料的过滤。对这种井管而言，静态的地下水水位必须在滤料上端 0.15～0.30 m 的位置上。这样的设计可能导致在某些黏土较多的含水层中出现筛管割缝被堵塞的情况。

（三）传统的有滤料的井

对于这种井而言，先把套管和筛管插入土孔中，然后在井管外的环形空间中加入沙子。有时，由于可能存在坍塌的问题，较难把滤料加入井管外。这种井与前两种井相比需要更多的滤料，从而增加了造价。当滤料加入环形空间后，其会与含有泥浆的水在土孔中混合，从而增加了开始抽水到浊度满足地下水取样要求的时间。

（四）双层滤料井

当采用这种井时，土孔的深度需要比预设的取样深度深一些。首先，在井管内填入滤料，然后将井管插入土孔中，直到滤料的顶部在地下水液面下至少 0.15 m 处。然后，在筛管外的环形空间中填入滤料。这样的监测井在地下水粉土和黏土较多的环境中会较为有效。但是，这种监测井需要更长的时间来进行安装，同时需要更多的滤料。

（五）井内井

在建造这种井的过程中，首先将内径为 1 in 的井管套入内径为 2 in 的井管中，中心对齐后在两个井管内填入滤料，直到滤料的顶端在距离筛管顶端上部 0.15 m

的位置附近。然后，将这根井管插入土孔中。这种井管需要 2 倍的井管材料，也需要更多的安装时间。同样地，这样的井也会增加洗井的时间和成本。由于预先装好滤料，需要对井管进行冲洗。

第五节　地表完井措施

一般而言，建造完成一个地下水监测井包括安装如下组件：①地表密封材料；②保护套管、井顶或者仪表箱；③通风口；④排水口；⑤井帽；⑥井锁；⑦护柱。

地下水监测井在地表完工可以采用两种方法：地面完井和平地完井。这两种完井措施都是用来防止降雨或者地表径流流入井外的环形空间中，污染地下水样品。另外，这样的完井措施也可以防止故意或者非故意破坏地下水监测井行为的发生。

地表密封材料需要安装在套管外的环形密封材料上方，并与地表相连接。当条件允许时，地表封井材料需要延伸至土壤的冰冻线以下至少 0.3 m 的深度，以防止冰冻隆胀对封井材料的影响。地表封井材料需要使用净水泥浆或者混凝土。在地表，地面封井的材料需要形成一个宽度 0.6 m、高度 0.1 m 的平台。这样的地面平台需要有一个轻微的坡度，使得下雨的时候雨水可以迅速从地面平台上流走，防止雨水入渗进入井边的密封材料中。

在地表封井材料四周，需要建立一圈保护套管，用来防止可能出现的破坏现象的发生。保护套管应插入土壤的冰冻线以下，并且高出地面至少 0.46 m。在保护套管上，预留一个约 6 mm 的小孔，用来防止从地下水中挥发出来的有机物在土壤上方聚集。另外，保护套管也要在侧面开一个排水孔，用于在下雨的时候排出井上方的雨水，同时也避免冬天可能在井上方产生积雪。在保护套管和井的套管之间的空隙中填充砾石，以便收回相关的工具，同时防止小动物或者昆虫等物种通过排水孔进入井的上方。在井口盖上盖子，以防止任何其他材料进入井的结构中。井盖上加一把锁，以确保井的安全。然而，在给锁上润滑油的过程中，特别是当采用石墨或者石油烃类的物质来润滑锁时要格外小心，这是因为润滑剂会对地下水样品产生额外的污染。在地下水取样当天不能使用润滑油，并且给锁上油后的手套应该在地下水取样前及时进行更换。

为了防止由于车辆驶入等因素对井结构造成的破坏，应在井边 1 m 左右的位置建立标识牌。标识牌上的字需要用橙色或者其他合适的颜色书写，并且可以反光，这样可以降低由于车辆驶入等因素对井造成破坏的概率。

在马路边、停车场和加油站附近，建造的地下水监测井的上部要和地面平齐。当使用这些井采集地下水样品时，需要在井壁附近建立一个保护装置，如公用保险库或者仪表箱。另外，要采取其他措施来防止地表水进入保护装置中。例如，在四周把保护箱垫起来，这样可以使保护箱地面略高一些，或者在保护装置外搭一个盖子，保证地表封井材料和保护装置处不漏水。

第六节　地下水监测井的洗井

所有的地下水监测井都需要在使用前进行洗井，从而在监测井的筛管附近形成有效的过滤层，以修正钻井过程中对井体的破坏，优化含水层和筛管中水流的交互作用，同时保证监测井附近的水体能够得以原样保存而不受破坏。洗井的过程使得筛管附近的含水层和滤料的强度增加，因此可移动的细砂、粉土和黏土被洗入井中而被去除。在洗井的过程中，逐渐在筛管外的滤料中产生砂砾的级配现象。洗井的同时可以用来去除在钻井和放管的过程中带入的杂质，如钻井水、泥浆等，同时也有助于滤料、套管和地下水中的污染物浓度达到平衡状态。

洗井的过程是非常重要的，因为它是保证获得具有代表性水样的必要举措。不合理的地下水监测井会导致更长的洗井时间，因为需要通过洗井将来自滤料或者含水层的细砂彻底清除，从而采集到低浊度的地下水。反之，如果洗井不彻底，那么可能采集到高浊度的地下水，这样会对后续的分析造成影响。

在刚开始洗井的过程中，许多不同尺寸的土壤颗粒会进入监测井中，这会导致刚开始洗井的水非常浑浊。然而，随着地下水抽提过程的进行，天然颗粒逐渐在滤料附近形成级配现象而被截留，在筛管附近形成有效的过滤层。如果地下水只能从一个方向流入井，则通常会导致颗粒的桥接现象，从而无法形成有效的过滤层，此时，需要制造相反方向的水流来破坏这样的桥接现象，促进有效的过滤层的形成。

常见的洗井方法有：①抽水和过量抽水；②反冲洗；③用涌水塞制造井内的水体扰动；④用贝勒管洗井；⑤喷射洗井；⑥用空气制造井内的水体扰动。

在洗井过程中，最有效的制造反向水流的方法是用一个合适的涌水塞在井内进行洗井。为了使洗井变得高效，涌水塞应该由绳索牵引，在监测井的筛管位置进行连续的提升和下降过程，这个过程需要持续数小时，并且需要配合抽水或者利用贝勒管将悬浮的细砂从井中去除。然而，应用涌水塞可能会给监测井的筛管和过滤材料造成潜在的损害。在低渗透地层中，可能有很多细砂穿透过滤材料。根据地下水的深度、含水层的渗透性和监测井的直径，可以采用抽提的方式来达到有效洗井的目的。

通过冲洗和抽提地下水来洗井的主要步骤如下：①记录静止的水位和井的总深度；②放置好地下水的抽提泵，连接好管路，并记录地下水抽提流量，对地下水进行连续抽提，通过浊度仪连续测定出水的浊度，当抽出的地下水浊度达到要求值后，停止抽提；③采用特殊设计的冲洗块在井内的筛管位置进行上下移动，以制造来回的水流；④测量并且记录井深，确定细砂的质量，然后重复步骤②，如果这个井设计合理，后面几次抽提出来的地下水浊度会逐渐比上一次洗井时抽出的地下水浊度低；⑤重复地下水的抽提和冲洗过程，直到在一个抽提的周期中，抽出的地下水的浊度在可接受的范围内。一个较好的测试洗井是否结束的方法是在一个洗井周期后结束洗井，然后将泵放置一段时间，之后再重新开始洗井。此时，若洗井效果良好，则抽出的地下水的浊度应该保持在一个较低的范围内。

有效的洗井必须在一个合适的地下水抽提流量范围下进行，任何进入监测井的细砂都必须最大程度地被清除。因此，USEPA 推荐采用下面几种地下水抽提泵与涌水塞联用洗井，优先级别按照从先到后依次降低：①可以利用吸力抽走细砂的离心泵；②可以抽提细砂的电动潜水泵；③合理设计和操作的空气升液器。

任何含有可能改变地下水化学成分物质的洗井设备和方法均不能使用。任何采用加压注水的方法，或者采用洗井液的方法，均不推荐应用于地下水监测井的洗井过程中。在洗井时，需要在井中注入其他物质，包括气体、水或者其他液体，并且必须得到上级部门的同意和准许。在井中加入的任何物质均需对其中的化学物质进行检测，以确定其不含有潜在的污染物。常见的被 USEPA 推荐的方法包括贝勒管、涌水塞、地下水抽提或者这些方法的组合。当操作人员确定可以采用合适的措施防止注入的气体直接和地下水含水层接触时，可以采用气体注入的方法进行洗井。在加入密封剂以后，一定要确保密封剂已经凝固了才可以开始洗井，一般这个时间不能少于 2 天。

在洗井的过程中，以及在洗井结束后均需要周期性地测定地下水中的浊度。洗井最后的浊度需要在建井的记录资料中进行记录。如果一口井洗井结束后其中的出水浊度仍然不能小于 5 NTU，则 USEPA 认为这口井建造不合理，原因可能是筛管四周的滤料级配效果不好或者筛管的缝隙不合理等。如果一口井的出水浊度没有小于 5 NTU，那么建井人员需要与上级管理部门沟通，若管理部门认为该井满足要求则可以继续使用该井。若上级管理部门认为该井存在问题，则 UESPA 就认为这口井应该报废，并且重新选址打井。

USEPA 强调如果想获得具有代表性的地下水样品，则需要采用合适的打井和洗井步骤，同时采用合适的地下水取样法。此外，USEPA 强调在某些含有基岩裂隙水的含水层或者在喀斯特地貌环境中，晴天时该地区的地下水浊度很低，而在降雨后则可能抽出浊度较高的地下水。此外，在粉土较多的地层中进行地下水样品的采集时，也可能出现浊度始终维持在较高水平的现象。在这种情况下，即使抽上来的水浊度较高，仍然可以认为该水样具有代表性，同时认为建井和洗井的过程是合理的。在地下水洗井和取样中的任何数据与信息都需要进行记录，这些数据可以为之后的再次洗井和井的维护提供有用的参考。

如果在土孔钻探、井管安装和缝隙填充的过程中改变了监测井附近地下水的化学性质，那么需要洗井从而帮助恢复监测井附近地下水的化学性质。应考虑洗井过程中是否可以将井的筛管附近的黏土清除，因为这些在土孔中的黏土可能会改变地下水中的化学成分。在洗井的过程中应连续监测一些常规的水质参数，如电导率、温度和pH。如果这些指标处于一个较为稳定的区间内，就可以认为监测井附近的地下水恢复到了自然状态。在洗井的过程中，井内的水头降深也需要进行记录。

第七节　井的设计、施工和洗井的信息记录

井的设计、施工和洗井的有关信息都应该进行记录。这样的信息应该包括：一个打井的日志，其中记录了钻井和土芯取样的相关信息；一个建井的日志和一个建井的表格。建井的日志和建井的表格需要包含如下信息：井的名称和编号；建井的日期和时间；土孔的直径和井的套管直径；井的深度（精确到厘米）；套管的长度；套管的材质；套管和筛管之间的连接方式；筛管相邻缝隙之间的间隔宽度；筛管的材质；筛管缝隙的宽度；筛管外填充滤料的种类、等级、粒径均匀系数和滤料尺寸；滤料体积（计算的体积和实际填充的体积）；滤料放置的方式；环形密封材料的组成；环形密封材料的放置方式；环形密封材料的体积（计算的体积和实际填充的体积）；地表密封材料的组成；地表密封材料的放置方式；地表密封材料的体积（计算的体积和实际填充的体积）；地表硬化密封材料的设计和施工；洗井步骤和在洗井结束后测定的地下水的浊度；保护套管的种类和设计、施工情况；井盖和井锁的相关情况；地表高程（精确到厘米）；井的套管相对于地表的高程（精确到厘米）。

建井人员需要记录如下信息来确保井已经较好地建立并且可以投入使用：①井的套管和筛管的材质选择情况；②井的直径、筛管的高度和筛管缝隙的宽度；③合理的滤料填充的选择和放置；④环形密封材料的选择和放置；⑤井的合理安全措施；⑥井的套管顶部的位置和高程信息；⑦充足的洗井措施。

如果当地政府部门需要，则建井者需要保留与井的设计、施工和洗井相关的所有材料。

第八节　已有监测井的调查和评估

现有的地下水监测井需要满足当地管理部门对于井的建造和使用标准的相

关要求。如下有两种情况可能会导致已有监测井不满足相关的标准：①已有的监测井遭受了物理破坏；②井的建造者几乎没有提供任何有关现有井设计和施工的文档。

那些被严重损坏的地下水监测井，或者没有足够的设计和施工信息的监测井，可能需要进行井的更换。除此之外，那些会连续产生高浊度的地下水（浊度大于5 NTU）或者那些没有合理的设计和施工的井可能也要进行更换。在这种情况下，对于何时更换地下水监测井，应进行专业的判断。

当现有的地下水监测井没有满足文件中所提出的运行要求时，这些监测井应该进行合理的报废。如果当地的管理部门有要求，就应该进行地下水监测井的更换。对于任何有关地下水监测井的设计、安装、洗井和报废操作，以及气压和其他参数的测量、记录和分析方法，都需要进行记录。

第九节 地下水监测井的封填

不合理的地下水监测井可能会导致地下水的污染，这是一个很严重的问题。USEPA 和美国水质协会针对为何需要对一些不合理的井或者不用的地下水监测井进行报废，提供了如下理由：①排除可能产生的物理危害；②防止出现可能的地下水污染；③保持地下水的含水量和静态水位；④防止地下水和地表水发生混合。

地下水监测井的封填方法需要根据井的建造结构和环境因素进行确定。地下水监测井封填的第一个原则是移除任何可能受到污染的地下水；第二个原则是对地下水监测井进行彻底的移除。封填井的材料可以被回收，同时也必须保证不影响未来可能的土壤挖掘。井的封填方法一般强调需要通过抽拉的方式将井管从土壤中拔出，但需要将套管留在土壤中。然而，在拔出井管的过程中，会造成额外的投入，产生潜在的风险。因此，是否要在封填前将井管拔出成为地下水封填之前必须要考虑的一个问题。

在选择地下水井的封填方式前，首先要综合考虑当地的地质条件和水文条件，同时考察该场地是否受到了污染物的污染，而且详细了解该监测井的结构。确定封填方法的流程见图5-5。在图5-5中，需要对每个框中的问题进行回答，通过答案来选择最终的处置方式。常见的 4 种地下水监测井的封填方法包括：①用薄泥浆填充监测井孔；②在套管上打孔，然后再用薄泥浆填充监测井孔；③先用薄泥浆填充监测孔，然后再将套管拔出；④采用或者不采用临时套管，将土孔进行扩钻。

在一个复杂的环境中，可能需要在一个地下水监测井中采用几种不同的封填方式。

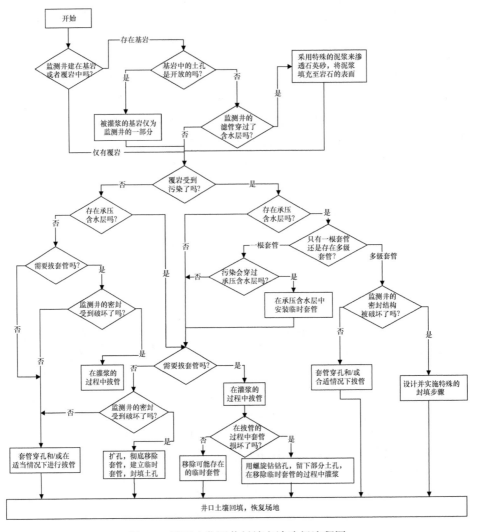

图 5-5　地下水监测井封填方法选择流程图

一、原位薄泥浆填充

　　原位薄泥浆填充是一种最简单、使用最广泛的地下水监测井的封填方式，薄泥浆也是一种地下水监测井封填的必要材料。在封填的过程中，薄泥浆被填入监测井中，同时也充满监测井地面上的部分，填充完的监测井示意图如图 5-6 所示。由于灰尘和外物可能会进入监测井中，因此在封井前需要评估是否需要在监测井内填充薄泥浆。

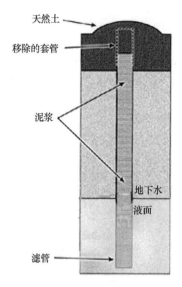

图 5-6 原位薄泥浆填充示意图

　　人们在建造地下水监测井时，往往在筛管外围的石英砂上填充膨润土，从而防止地下水抽提的时候出现水的垂向流动。在对地下水监测井进行封填前，需要详细翻阅该监测井的有关建井日志，同时通过将该井的水位与附近其他井的水位进行对比，判断该井是否出现从地表到地下的短流现象，以及膨润土的填充是否完整，等等。如果从建井日志中发现了该井有问题，如出现膨润土小球的桥接、石英砂的流失等，或者发现建井的记录和建井日志中有不一致的地方，说明这个井建得不好。

　　对于具有一根内径为 5 cm 的 PVC 管的井来说，如果这个井密封得不好，同时附近也没有不透水层，可以直接采用原位灌浆填充的方式；如果监测井的密封性不好，可以采用套管打孔的方式进行监测井的封填。

　　原位薄泥浆封井技术在井的基础封填，以及小口径井的封填上应用效果尤其好。填充薄泥浆一般是将套管从地面开始填充，至离地面约 1.5 m 的位置上。该封井技术将套管截成了两截，其中上面 1.5 m 深的那一节直接被移除，同时被一起移除的还有井的地面结构部分。必须按照规定的流程将套管进行薄泥浆的填充。

　　对于那些敞开式的监测井，需要将监测井填满至地表，并采用更加厚的泥浆，从而防止在填充的过程中出现孔隙。如果在填充的过程中出现了过多的泥浆损失，则要考虑分层浇灌泥浆，从而减少由于挤压导致的下部泥浆压力过大。

二、套管穿孔/原位泥浆填充

　　套管穿孔与原位泥浆填充的组合方式较适用于建井资料缺失的条件，或者井外围的环形空间允许进行回填的情况。泥浆会由于挤压力而进入套管外的环形空间中。该过程包括在套管上打孔，将套管和筛管进行剪切，然后再进行井的泥浆浇灌。对于具有 10 cm 以上内径的井管而言，有很多不同的商业器具可以用来在井管上进行打孔。一个典型的套管打孔示意图如图 5-7 所示。从图 5-7 中可以看出，套管打孔是通过将打孔枪插入监测井中，然后从打孔枪中喷射出流体，将套管击穿。

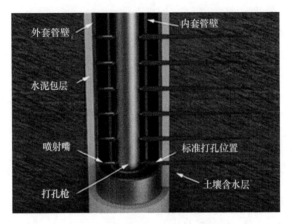

图 5-7　套管打孔示意图

在不同的场地、不同井的性状条件下，具有经验的施工人员必须选择一个适合该场地的打孔方式。一般来说，在几个英尺[①]的长度上，最少要打 4 排渗透孔，每排渗透孔至少需要包含 5 个孔。在打孔过程结束后，必须按照规定的程序进行地下水监测井的封填，且土孔最上面的 1.5 m 需要被保留。

三、套管拔出

当需要回收井管，或者该场地的土壤可能会被挖掘及再次使用时，可将监测井中的井管拔出。在以下情况下，允许将井管拔出：①场地中不含有污染物；②场地存在污染物，但是井管并没有到达承压含水层；③虽然含有污染物，且井管到达承压含水层，但是污染物无法进入承压含水层。当套管拔出的过程中可能会穿过承压含水层时，需要采用临时套管的方式。除此之外，井的构造材料和井深必须保证拔管不会损坏拔管器械。

套管拔出主要指用提升力将监测井的套管从土壤中拔出，套管拔出示意图如图 5-8 所示。在拔管的过程中，需要及时注入泥浆，此时泥浆会进入井的孔隙部分。一个可以接受的拔出套管的方式还包括在井的底部打孔，或者用一个环形的切割机将井的筛管和外围的水泥灌浆切断，用千斤顶将套管从土孔中进行分离，

---

① 1 英尺=30.48cm

然后用钻机、反铲挖土机、吊车或者其他合适的工具将套管从土孔中拔出。在井的底部不能打孔的情况下，在注入泥浆之前，套管或者筛管的井壁需要打孔或者切断。这个步骤在可拆卸井或污染严重的监测井中需要实施。

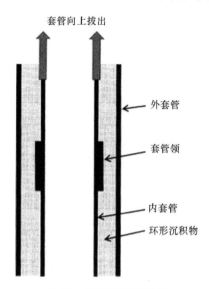

图 5-8　套管拔出示意图

在套管插入岩石的缝隙且外围有水泥灌浆时，不应该将套管拔出，除非套管可以事先被切断，或者可以从岩石中分离。

四、扩钻

扩钻技术是一种彻底移除地下水监测井的方式，可以同时移除井管、石英砂滤料、旧的水泥灌浆和填充材料等。在某些场地中，当没有 PVC 做的筛管及吊起设备，或者需要将管材和四周的填充材料全部移除时，采用扩钻技术。与其他井的封填技术相比，扩钻技术是应用最少的技术。

在特殊的情况下，如地下水中含有高浓度且流动的污染物，地下水很浅，缺少建井的资料，或者建造的井质量很差时，在扩钻时需要一个"临时套管"。该过程包括在之前的地下水监测井外装一根直径较大的钢管，然后再钻孔/拔管/注入泥浆。在拔管、灌浆和可能的钻探过程全部结束后，该钢管也会被取出。如果承压含水层的厚度小于 1.5 m，则套管底部应该到达承压含水层的顶部。否则，套管底部需要安装到承压含水层的顶部下面 0.6 m 的位置。当外部的套管安装完毕后，旧的地下水监测井可以被移除。有可能的话，在拔管的过程中灌浆，否则就要在旧的地下水监测井结束后在套管中灌浆。

扩钻技术适用于拔管较为困难的场合，此时安装一个临时套管来防止交叉污染是必要的，否则可能会导致下部含水层中的污染物与上部含水层的污染物在拔管的过程中发生混合。扩钻的步骤包括：①准确定位最初的井孔位置；②在之前的井孔外围，打一个直径与之前的井孔相同，或者大于之前的井孔的土孔；③移除所有的建井材料。

在扩钻的过程中，较为困难的操作是将螺旋钻的钻孔对准旧的地下水监测井的中心，同时稍稍钻得比之前的井孔深一些，防止出现钻歪的情况。作为一个预防措施，在扩钻前，需要在井中灌入泥浆。在灌浆结束后，不需要等到泥浆固化，就可以直接开始扩钻。在旧的监测井中灌入泥浆的作用是为了防止扩钻的位置偏离旧监测井的情况出现时，仍然可以保证留下来的旧监测井部分被灌浆。目前，有许多技术可以用来进行扩钻。以下列举了几种常见的扩钻技术：①传统的螺旋钻技术（也就是空心螺旋钻，同时搭配定向钻头）。定向钻头可以磨碎井周边的填充材料，并且将这些填充材料随着钻头带至地面。②一种传统的电缆工具钻机，使得临时套管具有比旧的地下水监测井更大的孔径。这种电缆工具钻机可以磨碎旧监测井的建井结构材料及土壤，随后这些破碎的材料可以用大直径的贝勒管从土孔中清除。这种方法不适用于在岩石上构建的地下水监测井。③一种扩钻铰刀工具，带有定向钻头。其中定向钻头的直径与旧监测井的内径相同，铰刀的直径比旧的土孔直径略大一些。该方法可以用来扩钻套管为钢管的地下水监测井。④一种空心螺旋钻，搭配有外向的硬质合金切削齿轮，这个齿轮的直径比旧的套管直径大 5~10 cm。应注意的是这些扩钻技术并不适用于所有的套管，需要让一个具有经验的打孔人员来判断并且选择合适的扩钻技术。

在采用扩钻技术前，旧的地下水监测井的底部需要进行打孔，或者直接切掉。同时，需要保证在旧的套管被移除的过程中，这个套管中已经填入了泥浆。

在如上所述的所有扩钻技术打孔过程中，均要求打的新孔比旧的监测井深度至少深 15 cm，从而保证可以完全移除所有旧监测井的建井材料。在扩钻的过程中，尤其要注意的是土孔切割的过程，注意切割下来的旧监测井的材料碎片。如果在扩钻的时候发现这些切割下来的建井碎片没有了，就表明可能在扩钻的过程中偏离了之前的监测井位置。如果怀疑新钻孔偏离了旧钻孔的位置，则剩下的没有扩钻的部分就用泥浆封填完毕。扩钻过程结束后，在新的套管外面注入泥浆。泥浆的高度应该和钻孔的设备和建井材料移除的位置相对应。与其余封井方法相同，最上面的 1.5 m 土孔应该被保留。

五、监测井封填方式的选择和实施

图 5-5 中描述的封井流程可以用来选择合适的封井方法。在选择方法之前，

首先需要确定地下水监测井的类型。在本书中，有两种不同类型的地下水监测井，分别为覆岩井及基岩井。其中，在上面具有覆岩结构的基岩井一般被处理成覆岩井。

通常，可根据井的类型和一些其他的物理条件来确定较为合适的封井工艺。然而，这种封井工艺的选择流程也有一定的局限性，有的时候存在井管拔不出来的情况，也有的时候存在井管不需要破碎就直接可以拔出来的情况。因此，封井人员在选择封井方式时必须要慎重，尤其是当选择的封井方式没有符合图 5-5 中指示的方式时，需要根据封井预算、场地特性和专业的指导来综合选择。本部分将介绍如何在不同的环境中选择合适的封井工艺。

（一）基岩井

基岩井的结构如图 5-9 所示。如果一口井进入了基岩部分，需要在封井时将在基岩中的监测井形成的土孔也填上。封填的泥浆材质应根据现场的条件来综合

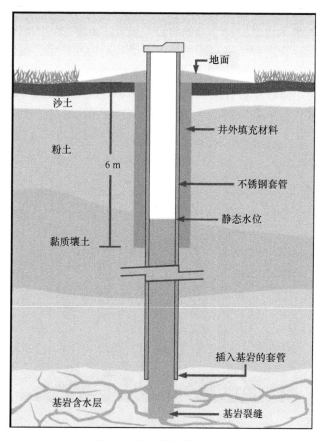

图 5-9　基岩井结构示意图

选择。较黏稠的泥浆可以用来填充岩石洞穴，而较为稀薄的泥浆可以用来穿过监测井的筛管和石英砂部分。

在用泥浆填充基岩井之前，应测量基岩井的深度，从而确定是否存在黏土或者残骸堵塞基岩井的情况。如果发生了堵塞基岩井的情况，则需要在灌注泥浆前采用一切措施来疏通监测井。在疏通监测井后，需要从基岩井的底部灌浆至基岩的顶部，从而形成一个连续的泥浆柱。

在基岩孔被泥浆封填后，基岩井的覆岩部分也需要采用合适的技术进行拆除。如果基岩一直延伸至地表，灌注的泥浆可以一直延伸至地表，或者略低于地表，从而恢复场地的地貌。

（二）未被污染的覆岩井

典型覆岩井的结构如图5-10所示。对于覆岩井及基岩井的覆岩部分，在对井进行封填之前的第一步就是判断该井是否受到了污染。可以根据地下水和土壤的历史监测数据进行判断。如果覆岩部分没有受到污染，则接下来就需要判断该覆岩井是否穿过了承压含水层。当判断覆岩井没有穿过承压含水层时，监测井的套管就能用混凝土导管进行灌浆后拔出，或者灌浆后留在原位。通常来讲，如果监测井是PVC材质的，那么若其深度大于7.5 m，则该井管不应该被拔出，除非该场地较为特别，可以在不将井管切碎的情况下将其拔出。如果最终决定不拔出井管，则需要对其进行原位灌浆。

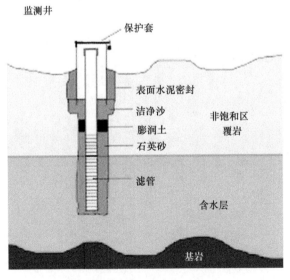

图 5-10 覆岩井结构示意图

如果有一个没有套叠的覆岩井穿过了承压含水层，则套管应被拔出。如果无法将套管拔出，则需要进行原位灌浆。在有特定情况下，可以采用扩钻技术彻底移除监测井。扩钻技术的使用需要考虑场地的特定条件和需求。在尝试了拔管但失败的情况下，井管在土壤中的残留部分可用传统的螺旋钻法进行彻底移除。如果在拔管的过程中出现了拔管器械的损坏，那么利用拔管器械也很难对目标监测井进行扩钻，这就是所有的监测井需要先进行灌浆的原因。在井的构建材料被尽可能多地移除后，该土孔将会被灌浆封填，另外最上面的 1.5 m 土孔将会被保留。

（三）受到污染的覆岩监测井/气压井

在封井方式选择的过程中，污染物是一个很重要的选择因素。在封井的过程中，任何在覆岩中的污染物都不允许发生扩散。对于那些怀疑受到了非水相液体（NAPL）污染的场景，应再三考虑该地下水监测井是否需要进行封填。这样的地下水监测井污染是一个特殊的场景，应对封井的过程小心设计。如果封井最终被确定为是一个合适的行为，则需要对 NAPL 的体积进行测算，并且在封井前将NAPL 移除。

如果通过历史取样资料发现一个覆岩井（或者一个基岩井的覆岩部分）受到了 LNAPL、DNAPL 或者溶解性污染物的污染，则封井人员必须在封井前评估在封井过程中可能发生的覆岩承压层的交叉污染。一般，岩石层或者渗透率特别低的水平层可以被认为是承压层。在承压层上方的覆岩层污染是一个非常重要且需要被考虑的因素。为了防止可流动的污染物在拔管或者扩管的过程中出现穿过承压层的情况，可以在之前的监测井外围安装一个新的临时套管，将工作区域与周边的土壤隔离开。选择封井工艺可参考图 5-5。在某些受到污染的场地中，需要采用扩钻技术或者特殊设计的流程。

一个在污染场地建造的覆岩井可以进行原位灌浆，直到泥浆彻底将井及土孔密封。如果一个地下水监测井允许在封填时将掉落至井内的土壤作为填充物，或者这个井的密封性能不是很好，则必须完全将整个地下水监测井移除，或者在井的套管中打孔并灌注泥浆。

如果必须要完全移除整个监测井，但是在对监测井进行封填的过程中会出现覆岩中的污染物被向上或者向下带入从而造成交叉污染时，必须使用一个临时套管将施工的区域进行隔离密封。在临时套管中，可以安全地进行拔管和扩管的操作，而不用担心污染扩散的问题。

（四）叠管监测井

如果监测井中存在叠管的现象，即套管是由直径不同的管子叠在一起构成的，则对地下水监测井的封填方法主要取决于井密封的完整性。如果没有明显的证据表明监测井的密封性受到了破坏，则该监测井需要采用原位灌浆的封填方式，且最上面的 1.5 m 应被保留。如果有证据表明井的密封性不好，则需要设计并且采用一个特殊的封井程序，通过打孔灌浆的方式来对井进行封填，或者通过扩孔的方式来彻底移除监测井。特殊的监测井封填步骤必须保证在移除监测井的相关材料时不出现交叉污染的现象。

六、地下水监测井的位置和所属关系

在对地下水监测井进行封填之前，必须清楚这口地下水监测井的拥有者或者关注这口井的群体，如政府管理部门。在对地下水监测井进行封填之前，最好浏览一下当地关于地下水监测井封填的相关步骤要求。先核实监测井的位置，采用识别标记对井进行识别，并用 GPS 仪对井的经纬度进行测定。最后，需要对每口井的深度进行测定，同时将这些测定结果与建井日志中的结果进行比对。

七、移除保护套管

在没有交通的区域，大部分监测井都在井口设有一个保护套管，同时有一个由混凝土做的雨垫。典型的保护套管示意图如图 5-11 所示。

图 5-11　保护套管示意图

在加油站附近往往是车流量较大的区域，监测井附近往往有一个路缘箱，同时上面有保护标志。该路缘箱在进行井的封填前很容易被移走。在一些固定的井中，提升管可能会与保护套管和雨垫固定在一起。当保护套管和混凝土雨垫被突然猛拉出去时，PVC 材质的提升管通常会断掉，断掉的部位在保护管下方几十厘米处。当这种情况发生后，就几乎不可能将钻机对准监测井的中部了。该提升管也可能会发生碎裂，这会导致在拉的过程中出现不稳定的情况。除非在拔管前对监测井进行灌浆封填，否则在拔管时会使该井充满灰尘。在把套管拔出或者进行扩管之前，必须想办法移除地表的保护设备，同时不影响封井步骤。

通常来讲，除非保护套很松，可以用手直接移除，否则在移除保护套管前必须对地下水监测井进行灌浆。这样的操作保证了在移除保护套管的过程中，井具有较好的密封性，从而防止可能出现的问题。只有当黏接的井顶会影响之后的井下作业，而不得不将保护套管移除时，才能在灌浆前将保护套管移除。这个井下作业包括穿刺、打孔及对筛管进行切割等。

将保护套管移除的步骤取决于监测井封填的方法，其在不同的监测井并不同。在移除保护套管的时候需要将保护套翘起来，此时需要注意不能将内部的套管同时翘起来。如果发生了这样的情况，则监测井的套管需要被截断，同时保护套管的底部需要被拉至地面以上。

钢制套管需要被移除至离井口约 1.5 m 的位置上，从而使套管的位置在凝结线以下，同时防止可能出现的浅层土壤的挖掘对井管的损害。如果使用套管切割机，最上面 1.5 m 的钢管和保护套管可以一次性移除。

在移除保护套管的过程中，产生的垃圾和废弃物必须与其他监测井产生的废弃物统一处置，除非在现场有废弃物的其他处置方式（如蒸汽消毒后再按照无害化废物处理）。

八、泥浆的选择、混合和放置

本部分介绍了标准的泥浆及黏稠的泥浆混合方法，讨论混合和放置泥浆。地下水监测井的封填目标就是减少地下水通过井管及土孔发生向上或者向下的流动。成功的灌浆主要取决于泥浆的混合程度，以及将泥浆放置到正确的位置上。目前，有两种泥浆混合的方式可以用于封井：标准混合法和特殊混合法。两种混合方式均采用了Ⅰ型波特兰水泥，同时掺杂质量分数为 4% 的膨润土。然而，特殊混合法中采用了更少体积分数的水来进行混合，它一般用在混合泥浆可能会发生较多损失的场合，如具有高度发育裂隙的基岩及粗砂砾石的地层中。

（一）标准泥浆的混合

对于绝大部分土孔而言，需要采用如下的标准泥浆混合材料：①一袋 42.6 kg 的Ⅰ型波特兰水泥；②1.77 kg 的粉末状膨润土；③29.5 L 饮用水。

当一个监测井的筛管穿过了许多地下水流场时，需要用稍多的水来制成泥浆，从而可以使泥浆渗透筛管外的石英砂层。含有 4% 质量分数的膨润土标准泥浆可以应用在大部分土孔的封填上，但在泥浆有特殊要求的场景下则不能使用。此时，需要采用更加黏稠的特制泥浆来对监测井进行封填。

（二）特殊泥浆的混合

在对泥浆有特殊要求的场合中，如渗透性很好的地层中，或者是具有高度发育的裂隙及洞穴中，需要使用特殊泥浆。特殊泥浆的配方罗列如下：①一袋 42.6 kg 的 I 型波特兰水泥；②1.77 kg 的粉末状膨润土；③0.45 kg 的氯化钙；④22.7～29.5 L 的饮用水（取决于需要的黏稠程度）。

特殊的混合方式会产生膨润土干重为 4% 的泥浆。它比标准泥浆要黏稠一些，因为其含有更少的水分。该泥浆比标准泥浆要凝固得更快一些，因为其中含有氯化钙。至少需要加入 22.7 L 水来保证泥浆可以用泵来进行抽提。

（三）泥浆的放置

通过混凝土导管将泥浆从地下水监测井的底部填充到监测井的顶部。混凝土导管是一根连通井的顶部和底部的管道。该导管将泥浆从顶部输送到监测井底部，并且使泥浆和监测井中的地下水不会发生混合。该混凝土导管在加完泥浆后从井中取出。

直径在 5 cm 及以上的监测井应该采用的混凝土导管直径不能小于 2.5 cm。通过泵的输送，泥浆被输运至监测井中，直到泥浆出现在地表上。当该监测井下部有基岩时，泥浆仅需填充至基岩的上端。在灌注泥浆时被置换出来的地下水，如果可以判断它们受到了污染，则需要进行合理的处置。

在这个过程中，需要观察灌注泥浆的速度。如果进行原位灌浆，则监测井的套管仍然保留在土孔中。但如果封填的过程包括了对土孔进行进一步挖掘的过程，如采用空心茎钻或者临时套管来进行扩管，则将套管从土孔中移除。在每一节套管被移除后，均需将泥浆加至距离移除套管上沿 0～1.5 m 的位置上。如果泥浆发生了显著的沉降，则采用另一种灌浆方式。一种可能的灌浆方式就是分阶段灌浆，也就是第一阶段的泥浆需要部分凝固，然后再加入第二阶段的泥浆。

井管外的保护套管应该在泥浆填充完毕后移除，这样可以保证该井进行了较好的密封，不会发生移除保护套管过程中泥浆裂开的现象。需要重申的是无论采用的是拔管的方法还是扩管的方法，由于拔管和扩管都不能确保 100% 的成功，因此要求在进行拔管和扩管前都必须先灌注泥浆。在这些步骤结束后，不需要等到泥浆凝固，就可以开始进行拔管或者扩管。

灌浆时，应注意最后灌浆的表面离地表大概有 1.5 m 的距离。在泥浆的顶端会加上一个铁制的标签，表示旧的地下水监测井的位置。最后，"用途"标记应该放置在泥浆表面 0.3 m 的位置上，这样进行土壤挖掘的其他工作人员可以看到这个被封填的井。

九、回填和场地恢复

在被封填的地下水监测井距地表约 1.5 m 的位置上，需要填入与周边土壤性质相近的土壤。土孔的地表高程要和场地周围的地表高程相一致。例如，混凝土或者沥青将会与相同型号和厚度的混凝土或者沥青进行补接，草地会进行播种，且表面土壤会用在其他区域。所有在监测井封填过程中产生的废弃物都应进行妥善处置。

十、资料收集

进行地下水监测井封填的项目经理需要收集足够多的信息。对于监测井封填项目而言，必须及时维护地质信息和更新相关数据。这些数据的拥有者必须被告知地下水监测井被封填的时间。该地区的历史地下水质量数据与监测井的位置是相关的，因此当一个地下水监测井被封填后，现有的地理信息系统（GIS）数据也需要及时进行更新，但是这个井的坐标在数据库中不应该被删除。金属探测仪不一定能够完全找到那些被封填的地下水监测井的位置，因此如果被封填的监测井在未来还有利用价值，应该将这个井的位置记录在地图上，且将该地图共享给该井的拥有者和相关工程师。在地图上应该写上该监测井的 GPS 坐标。最后，任何在封填监测井过程中产生的文档应该共享给该井的拥有者和其他相关的群体。

如果采用扩钻技术对监测井进行封填，则要小心扩钻的土孔是否偏离了之前监测井的土孔。在封填井之前应进行细致的泥浆准备工作和导管摆放工作。一次成功的地下水监测井封填过程取决于合理的决策、观察和监管。一旦封填监测井的方法确定了，就应该严格执行，并且所有的团队成员都需要在去场地之前明确自己的职责。在正式封填监测井的过程中需要一定的灵活性，但工作必须做扎实，且必须在封填监测井的过程中有效地保护地下水不受污染。

如果地下水取样人员在取样的过程中发现有一个敞开的并且没有使用的土孔，或者一个结构不合理的地下水监测井，那么这样的土孔或者监测井就需要在专业的指导下进行报废处理。USEPA 推荐采用如下方法来对土孔进行报废处理：①采用水泥浆来封填土孔，直至土孔的实际深度减小到离地表不到 1.5 m；②用干净的封填材料将最上面的 1.5 m 填充完毕。

在有地下水的区域，封填的材料水泥浆应该是水泥和膨润土的混合物。在土壤的非饱和区部分，封填的材料水泥浆应该不含膨润土，从而防止封填材料干燥失水。在特殊的情境下，可能需要其他的添加剂或者水泥混合物。为了防止出现架桥现象，获得一个较好的密封效果，在监测井封填的过程中水泥需要持续加压，这可以通过混凝土导管将水泥填入土孔中加以实现。在封填的过程中，混凝土导管的末端都应埋在土孔中混凝土表面以下至少 0.6 m 的位置上。需要事先确定使混凝土可以充分地渗入土孔中所需要的压力，从而计算混凝土导管需要埋设在混凝土表面以下的深度。让混凝土通过自由落体的方式进入土孔中是不被允许的。当在报废的井边上建造新的地下水监测井时，打井人员需要确保报废井的填充材料，如混凝土等不会改变附近监测井中地下水的化学性质。如果一口即将报废的井被发现受到了污染，应将受到污染的建井材料安全移除，并进行合理的处置。在对井进行报废的过程中，需要采取一些保护措施来确保工作人员的健康和安全。

对于那些根据本书中的建井规范来建造的地下水监测井，监测井的报废需要采取如下两个步骤：①将埋在土壤中的套管拔出，包括套叠的管子和多层井结构的相关设备，然后用加压注水泥的方式将土孔填满，直到水泥表面距地表的深度不到 1.5 m，然后在上面注入干净的填充材料；②移除地表 1.5 m 的套管、环形密封材料和地表的构筑材料，然后重新放入干净的材料。

建井当地的政府部门可能对井的报废有特殊的规定和要求。打井公司需要在实施井的报废工作前充分咨询当地政府部门的意见。

在地下水监测井报废的过程中，要进行合理的信息记录。如下信息均需要在井报废的过程中进行记录：①井的地理位置；②井报废的方式；③井的总深度；④井的直径（如果土孔的直径大于井的直径，还需要记录土孔的直径）；⑤地下水的深度；⑥井的外围泥浆护壁的组成；⑦泥浆的使用量；⑧井的套管分离的深度和移除的套管长度。

关于地下水监测井的报废问题，当地的规定可能有比本书中的内容更加严格的条款。打井人员需要事先查阅有关部门关于监测井报废的条例，同时咨询有经验的地质学家、岩土工程技术方面的工程师及其他钻井者的意见，保证监测井的封填是合理的，同时和各个省市的相关法规相一致。

参 考 文 献

[1]Aller L, Bennett T W, Hackett G, et al. Handbook of Suggested Practices for the Design and Installation of Ground-Water Monitoring Wells. 1989, Las Vegas: USEPA Cooperative Agreement, 1989.

[2]National Water Well Association and Plastic Pipe Institute. Manual on the Selection and Installation of Thermoplastic Water Well Casing. Worthington: National Water Well Association, 1981: 64.

[3]Purdin W. Using nonmetallic casing for geothermal wells. Water Well Journal, 1980, 34: 90-91.

[4]Palmer C D, Keely J F, Fish W. Potential for solute retardation on monitoring well sand packs and its effect on purging requirements for ground water sampling. Groundwater Monitoring and

Remediation, 1987, 7(2): 40-47.

[5]Sosebee J B, Geiszler P C, Winegardner D L, et al. Contamination of ground-water samples with PVC adhesives and PVC primer from monitoring wells. *In*: Conway R A, Gulledge W P. Proceedings of the ASTM Second Symposium on Hazardous and Industrial Solid Waste Testing. Philadelphia: ASTM, 1983: 38-50.

[6]Hamilton H. Selection of materials in testing and purifying water. Ultra Pure Water, 1985, 1: 3.

[7]Nielsen D M. Practical Handbook of Groundwater Monitoring. New York: Lewis Publisher, 1991.

[8]Driscoll F G. Groundwater and Boreholes. St. Paul: Johnson Division, 1986.

[9]Barcelona M J, Gibb J P, Miller R A. A guide to the selection of materials for monitoring well construction and ground water sampling: State Water Survey Publication 327. Cincinnati: USEPA, 1983.

[10]ASTM. Standard Specification for Poly (vinyl chloride) (PVC) Plastic Pipe, Schedules 40, 80, and 120, in 1987 Annual Book of ASTM Standards. Philadelphia: ASTM, 1986: 89-101.

[11]USEPA. RCRA Ground-Water Monitoring Technical Enforcement Document. 1986.

[12]Morrison R D. Ground-Water Monotoring Technology Procedures, Equipment, and Applications. Prairie du Sac: Timco Mfg. Inc, 1984.